UNIVERSITÉ D'ALGER

LABORATOIRE DE CHIMIE APPLIQUÉE DE LA FACULTÉ DES SCIENCES

J. POUGET, Professeur de Chimie Appliquée à la Faculté des Sciences,
Directeur du Service Agrologique du Gouvernement Général de l'Algérie.

AMALRIC, Ingénieur Agronome, Inspecteur de l'Agriculture à Casablanca
(Maroc).

LÉONARDON, Ingénieur Agronome, Préparateur à la Faculté des Sciences.

ESQUISSE
AGRONOMIQUE ET AGROLOGIQUE
DE LA
RÉGION DE SÉTIF

ALGER
ANCIENNE MAISON BASTIDE-JOURDAN
JULES CARBONEL
IMPRIMEUR-LIBRAIRE-ÉDITEUR

ESQUISSE

AGRONOMIQUE ET AGROLOGIQUE

DE LA RÉGION DE SÉTIF

UNIVERSITÉ D'ALGER

LABORATOIRE DE CHIMIE APPLIQUÉE DE LA FACULTÉ DES SCIENCES

I. POUGET, Professeur de Chimie Appliquée à la Faculté des Sciences, Directeur du Service Agrologique du Gouvernement Général de l'Algérie.

AMALRIC, Ingénieur Agronome, Inspecteur de l'Agriculture à Casablanca (Maroc).

LÉONARDON, Ingénieur Agronome, Préparateur à la Faculté des Sciences.

ESQUISSE
AGRONOMIQUE ET AGROLOGIQUE

DE LA

RÉGION DE SÉTIF

ALGER

ANCIENNE MAISON BASTIDE-JOURDAN

JULES CARBONEL

IMPRIMEUR-LIBRAIRE-ÉDITEUR

1922

UNIVERSITÉ D'ALGER

PUBLICATIONS DE LA FACULTÉ DES SCIENCES

Fondation Joseph AZOUBIB

1913. — Pouget, Chouchak, Léonardon. — Agrologie du Sahel .... 2 fr. 50

1916. — R. Maire. — Travaux du Laboratoire de Botanique, 1 vol. comprenant : 1° Contribution à l'Etude de la Flore du Djurdjura ; — 2° Contribution à l'Etude des Laboulbéniales de l'Afrique du Nord ; — 3° La végétation des montagnes du Sud-Oranais .... 8 fr. »

1918. — A. Brives. — Contribution à l'Etude des Gîtes métallifères de l'Algérie .... 5 fr. »

1918. — G. Nicolas. — L'Amélioration des Orges en Algérie .... 1 fr. 50

1920. — L.-G. Seurat. — Histoire Naturelle des Nématodes de la Berbérie (1re partie) .... 8 fr. »

1920. — R. Maire. — Troisième Contribution à l'Etude des Laboulbéniales de l'Afrique du Nord ..... 5 fr. »

1921. — L.-G. Seurat. — Faune des Eaux Continentales de la Berbérie .... 8 fr. »

1922. — Pouget, Amalric, Léonardon. — Esquisse Agronomique et Agrologique de la région de Sétif ... . 10 fr. »

1922. — M. Dalloni. — La Géologie du Pétrole et la Recherche des Gisements pétrolifères en Algérie .... 12 fr. »

En vente au Secrétariat de l'Université

ESQUISSE AGRONOMIQUE ET AGROLOGIQUE
DE LA RÉGION DE SÉTIF

INTRODUCTION

Commencé pendant les premiers mois de l'année 1914 ce travail dut être abandonné : pendant toute la durée des hostilités, et pendant longtemps encore aprés l'armistice, le Laboratoire de Chimie Appliquée de la Faculté des Sciences d'Alger fut chargé des travaux qui, avant la guerre, incombaient à la Station Agronomique d'Alger.

En 1921, seulement, le Laboratoire de Chimie Appliquée put reprendre son fonctionnement normal et terminer cette étude.

A M. Charles Lévy, Délégué Financier de Sétif, à MM. Albert et Emile Chollet, l'un Directeur, l'autre Directeur Honoraire de la Société Genèvoise, à M. Carrat, Conseiller Général, nous tenons à exprimer toute notre gratitude :

Ils ont bien voulu nous guider dans l'exploration du terrain ; grâce aux moyens de locomotion, qu'ils ont gracieusement mis à notre disposition, nous avons pu prélever, avec facilité, les échantillons qui servent de base à ce travail.

Nous devons aussi adresser nos remerciements à M. Savornin, Chef des Travaux de Géologie à la Faculté des Sciences d'Alger, qui a bien voulu nous donner d'utiles indications, et nous communiquer le résultat de ses explorations et le tracé géologique de la partie de la région de Meslough sur laquelle ont porté nos recherches.

ESQUISSE AGRONOMIQUE

La région Sétifienne appartient à l'avancée extrême des Hauts-Plateaux Algériens. Appuyée au Nord, aux derniers contreforts du puissant massif des Babors, dont les hauts sommets atteignent 2.000 mètres, elle dévale vers le Sud en un vaste plan incliné, à pente douce, pour venir se buter à la petite chaîne des Maâdhids, couvrant les steppes du Hodna, ainsi qu'aux plissements avant coureurs (monts du Bou Taleb) du système montagneux important qui masque les hautes plaines Batnéennes.

Point de transition entre la zone marine, boisée et luxuriante, et la zone semi-désertique des Hauts-Plateaux Africains, on lui trouve ce dernier caractère dès que l'on a atteint, en venant du littoral, le col de Takoka pour descendre sur l'antique Sitifis colonia.

Ce pays monotone, triste, dénudé, surprend lorsqu'on arrive de la région de Bougie par la belle et pittoresque route des gorges du Chabet-el-Akra. D'une altitude moyenne de 1.150 mètres au Nord (Zeïri), 1.096 mètres au Centre (Sétif), 930 mètres au Sud (Ampère), ces plateaux se déroulent sur une cinquantaine de kilomètres de profondeur, crevés au Sud de Sétif par la boursouflure du chaînon aride du Djebel Youssef. Leur fertilité est variable et les méthodes culturales mises en œuvre par une population laborieuse, attachée à ce milieu souvent ingrat, ont contribué grandement à leur transformation.

L'hydrographie est peu importante. Un seul oued à débit permanent, le Bou Sellam (affluent de l'Oued Sahel) permet l'irrigation, aux abords de Sétif, de quelques prairies naturelles et de quelques jardins. Dans le Nord de l'arrondissement les eaux de source sont pures et assez abondantes ; dans le Sud les eaux sont saumâtres, à faible débit et de peu d'utilité.

Le climat de cette fraction des Hauts-Plateaux Algériens est très rude, chaud en été, froid en hiver. Il est caractérisé par des chutes de neige importantes (1 mètre en moyenne de décembre à mars), la siccité de l'air et des écarts brusques de température dans la même journée (12 à 15 degrés).

A Sétif les températures moyennes mensuelles sont :

Janv.	Févr.	Mars	Avril	Mai	Juin	Juil.	Août	Sept	Oct.	Nov.	Déc.
3°9	4°6	7°8	9°9	13°7	19°3	23°8	23°0	18°6	12°0	7°3	4°2

Mais les maxima sont de 43° en été et les minima descendent jusqu'à —15° dans les points les plus bas (Bir Roumada, domaine Ryf). Les gelées de printemps sont à redouter, étant très préjudiciables aux récoltes, lorsqu'elles exercent tardivement leurs effets (mai).

Ces hautes plaines ouvertes à tous les vents subissent l'action desséchante du siroco. Les vents du Nord tempèrent cette action en été ; ceux du Sud et du Sud-Ouest sont toujours convoyeurs de pluie. La quantité annuelle d'eau tombée varie de 350 à 500 "/- ; plus grande au Nord, plus faible au Sud, comme le montrent les tableaux suivants [1] :

Chutes Mensuelles de Pluie

I. — Année Agricole 1910-1911

	Région du Nord (Zeïri)	Région du Centre (El Bez)	Région du Sud (Aïn-Malah)
	m/m	m/m	m/m
Août 1910	8	6,5	2
Septembre	9	18,5	45
Octobre	0	0	0
Novembre	20	8	5,5
Décembre	122	90	62,5
Janvier 1911	70	21	25
Février	44,5	33,5	30
Mars	78	27	25,5
Avril	109	48	44,5
Mai	71	48,5	60,5
Juin	18	0,5	4
Juillet	13	29,5	0,5
Totaux	562,5	331,0	305,0

(1) Tirés du Bulletin Agricole de la région de Sétif.

II. — Année Agricole 1911-1912

	Région du Nord (Zoïri)	Région du Centre (El Bez)	Région du Sud (Aïn-Malah)
	m/m	m/m	m/m
Août 1911	0	0	4
Septembre	2	1	6,5
Octobre	132	106,5	120,5
Novembre	104	53,5	54
Décembre	2	0	0
Janvier 1912	85	44	33,5
Février	37	36	28
Mars	10	7	1,5
Avril	77	41,5	47
Mai	13	11	8,5
Juin	13	27	17,5
Juillet	0	0	0
TOTAUX	475	327,5	321,0

III. — Année Agricole 1912-1913

	Région du Nord (Zoïri)	Région du Centre (El Bez)	Région du Sud (Aïn-Malah)
Août 1912	19	39,5	17,5
Septembre	76,5	76,5	72
Octobre	76	63	66
Novembre	88	27	18
Décembre	46	23,5	26
Janvier 1913	41	40,5	41
Février	99	49	43,5
Mars	76	30	28
Avril	36	25	15
Mai	13,5	12,5	13
Juin	7,5	2,5	12
Juillet	3	0	0
TOTAUX	581,5	389,0	352,0

IV. — De l'influence du climat et des travaux culturaux sur les rendements en blé dur

ANNÉES Agricoles	Territoire	Eau totale en millimètres	Eau en Mai	Neige totale en centimètres	Dernière neige	RENDEMENTS EN QUINTAUX MÉTRIQUES				
						Moyenne sur le territoire	Sur double labour	Sur simple labour	Jachère morte	2ᵉ Année
(1) 1902-1903	Zeïri.......	456	49	41	Février	15.78	18.82	17	16	11
	Sétif.......	414	43	38		13.25	14.25	12.95	8,75	5,92
	Aïn-Malah..	300	44.5	2.5		9.45	10.12	10.15	5,85	4,30
1903-1904	Zeïri.......	661.5	14.5	175	Mars-Avril	6.95	7.98	7,20	6	5,40
	Sétif.......	501.5	7	95,5		5.90	6	6	5	4,95
	Aïn-Malah..	418	1,5	30.5		4.25	5	4,30	4	3,95
1904-1905	Zeïri.......	468	70	161	Mars	10.60	11,80	10.06	8,66	6.50
	Sétif.......	529	74	154		12,40	14.95	12	10	10
	Aïn-Malah..	392	112	28.5		9.50	9.40	8.90	7.50	10
1905-1906	Zeïri.......	598,5	82	171	Février	13.50	15.30	12,80	11.80	10
	Sétif.......	567.5	61	70		10.30	11,50	10,35	8	6,30
	Aïn-Malah..	426	61	20 5		7,50	8	7,60	6.35	8.50
1906-1907	Zeïri.......	570,5	17	171	Mars	4.55	5.70	4,40	5,10	3,80
	Sétif.......	496	1	148		6.80	8.12	6,54	5.30	5,40
	Aïn-Malah..	355	0	0		5.95	6.05	5.90	4.50	6,10
1907-1908	Zeïri.......	472.5	4	55	Février	15.90	20,26	17,10	9,05	8,90
	Sétif.......	428	5	59		10	14.10	8.95	6,20	5
	Aïn-Malah..	331.5	2.5	0		6.70	7	6.50	4,25	4,10
1908-1909	Zeïri.......	623	109	105	Mars	10,50	12,10	9.90	6,50	6,10
	Sétif.......	470	60	75		9,90	12,90	8.20	7	6
	Aïn-Malah..	439	74	48		9.30	10.70	9.60	5,60	6,10
1909-1910	Zeïri.......	699.5	111	281	Février	14,30	24.05	18,05	12	11
	Sétif.......	443.5	94	177		12.20	17	10	9	8
	Aïn-Malah..	358.5	82	88		9.10	9.80	8.80	6.30	7.50
1910 1911	Zeïri.......	562	71	71	Janvier	14.20	18	13.50	10	11
	Sétif.......	433.5	53	55		11	15	10	7,80	8
	Aïn-Malah..	339	48	30		8.90	9	8,30	5	7.25
1911-1912	Zeïri.......	459	13	23.6	Janvier	16	18	15.20	11	10
	Sétif.......	363	8	15		9.95	12,30	9.60	5	4,30
	Aïn-Malah..	317	8	12		5.10	6.40	5	3	3.20

(1) Hectares cultivés annuellement : Zeïri et Sétif, 250 ; Aïn-Malah, 550.

De l'examen de ces tableaux on peut dégager les conclusions suivantes :

1° L'allure climatologique est très différente du Nord au Sud, la région Nord montagneuse étant la mieux partagée au point de vue des chutes pluviales et de leur répartition.

Les maxima oscillent de 660 à 439 $^{m}/_{m}$, les minima de 456 à 300 $^{m}/_{m}$, entre les deux points extrêmes Zeïri et Aïn Malah.

2° Ce sont les chutes d'avril et mai qui assurent toujours les meilleurs rendements. Toutefois, dans la région Nord les neiges trop tardives peuvent contrebalancer cette influence.

La grêle n'est malheureusement pas rare et les orages de juin et juillet causent, dans la région Centre surtout (Saint-Arnaud, le Hamman, le Mesloug, etc.), des ravages considérables.

Comme partout ailleurs, le climat imprime à la région Sétifienne une agronomie très particulière.

La viticulture et l'arboriculture fruitière n'y sont pas à leur place, ayant à souffrir des froids de l'hiver, des vents violents, des gelées printanières et des chutes violentes de grêle. Le vignoble est de ce fait très restreint (300 hectares environ) à faible rendement, avec choix de cépages français très mélangés (Mourvèdre, Carignan, Morastel, Alicante, Hybrides Bouchets, Aramon).

Les arbres à noyaux (pruniers, abricotiers) et aussi les noyers partout où l'on peut disposer d'irrigations, même restreintes, sont à préférer aux arbres fruitiers à pépins.

Le pays est dépourvu d'arbres, cependant certaines essences viennent bien dans les terrains frais, au bord des cours d'eau. Le tremble s'y montre supérieur au peuplier et au saule, comme poussant plus vite, fournissant un meilleur bois d'œuvre et se multipliant par drageons (beaux peuplements sur le Bou Sellam dans le domaine de la Société Genèvoise). En terrains secs, le fèvier, le micocoulier et le mûrier donnent de bons résultats, quoique à croissance lente. Le frêne, dans le Nord de l'arrondissement, réussit fort bien. Le pin d'Alep n'est pas à conseiller dans ces hautes altitudes, étant abîmé par les neiges, pas plus d'ailleurs que l'eucalyptus, qui craint le froid.

Ces Hauts-Plateaux Sétifiens restent un grand centre de production de blé et en particulier de blé dur. Le Nord de l'arrondissement (Zeïri, Mahouane, etc.), avec ses terres profondes, argileuses et argilo-calcaires, sa pluviométrie plus élevée, fournit les récoltes les plus régulières et les blés les plus réputés (moyenne 12 à 14 quintaux).

La culture de l'orge, la plus importante après celle du blé dur, occupe les terres calcaires et à sous-sol tuffeux du Sud de l'arrondissement, où sa précocité le prémunit davantage contre l'action néfaste de la sécheresse.

Lé blé tendre (tuzelle) s'installe à l'Est dans les plaines de Saint-Arnaud jusqu'à Saint-Donat.

Les variétés de blé dur sont toutes locales. Le triage des semences a contribué à réaliser leur uniformité et leur valeur marchande ; la sélection des espèces s'impose aujourd'hui pour arriver à fixer les variétés se pliant le mieux aux exigences du milieu. Les plus réputées sont le Mahmoudi, sélectionné par la Société Genèvoise, à grain clair et allongé, le Mohamed ben Bachir, cultivé par M. Dussaix dans les terres fortes de Kerrata-Mahouane, etc. Le Tounsi occupe la région Centre et Sud (terres plus pauvres et calcaires) avec le Hedba ; l'Adjini à épi court recroquevillé, à grain rond, est très prisé dans l'Est par nos voisins de Constantine. Ce blé n'est jamais pur dans la région Sétifienne et toujours en mélange.

Dans l'échelle de précocité (caractère très important) l'avantage appartient au Tounsi. Les autres se classent ainsi à peu de distance : Hedba, Adjini, Mahmoudi, Mohamed ben Bachir.

Les gros rendements dans les meilleurs sols et bien préparés appartiennent au Mohamed ben Bachir et au Mahmoudi.

Si les terres et le milieu conviennent à la culture des céréales, il est indispensable de noter que les rendements ont été augmentés et régularisés par la pratique généralisée de l'assolement biennal avec labours préparatoires. Les moyennes oscillent :

Dans le Nord de l'arrondissement entre 16 et 10 quintaux
Au Centre — entre 13 et 9 »
Au Sud — entre 10 et 6 »

La technique qui consiste à semer le terrain une année sur deux en faisant subir à la jachère des façons culturales appropriées est du « Dry-Farming » avant la lettre :

Elle a été introduite et vulgarisée dans la région Sétifienne, il y a une trentaine d'années, par M. Ryf, alors Directeur de la Société Genèvoise.

L'examen du tableau IV fait ressortir nettement l'influence de ces labours préparatoires sur les rendements. Toutefois quelques chiffres sont relativement élevés dans les colonnes : jachère morte et culture en deuxième année ; cela tient à ce que ces cultures ne sont pratiquées que sur les meilleures terres du territoire considéré. D'ailleurs les superficies ainsi traitées sont minimes, se réduisant de plus en plus, elles n'excèdent pas :

Pour Zeïri 50 hectares sur 250 hectares.
» Sétif 30 » 300 »
» Aïn Malah 20 » 550 »

L'ordonnance des travaux doit avant tout se plier à la climatologie de l'année (les neiges étant souvent tardives dans ces régions), à l'état du sol, au matériel dont on dispose et à l'économie qui en résulte. Si des améliorations peuvent être apportées au système, il en résulte que les meilleures façons sont celles qui sont faites de bonne heure. Le 1er labour doit être exécuté dès que le sol le permet (février, mars, parfois avril) au brabant et à une profondeur de 0m20 en moyenne.

Il est suivi d'une deuxième façon légère au polysoc, ou mieux au scarificateur, pulvériseur, de mai à juillet, laissant le sol plat sans sillons. Les façons légères d'été à la herse, préconisées dans la méthode américaine, n'ont donné aucun résultat tangible.

Cela permet de disposer dès octobre d'un sol propre, dépouillé de mauvaises semences, bien ameubli, aéré et surtout pourvu d'humidité, ce qui facilite les semailles hâtives qui sont la règle en ce pays. Elles doivent être réalisées du 1er octobre au 15 décembre au plus tard. Elles se font surtout à la volée avec du blé trié et sulfaté à la dose de 60 kilogs pour les terres légères du Sud, 75 à 80 kilogs pour les terres plus riches et compactes du Nord. On sème d'autant plus dru que le sol est plus riche et que l'époque est plus tardive. Il est bon d'enterrer au polysoc si l'on ne dispose pas de semoirs en lignes, en enfouissant de 12 à 8cm suivant la nature du sol. Un plombage des récoltes, après l'hiver, suffit pour assurer le tallage ; l'évolution des blés étant lente sur ces altitudes et la plante ne se développant rapidement qu'à partir de mai, pour être mûre en août, les pailles restent courtes, mais avec des épis très développés en année favorable.

Le matériel agricole a suivi l'évolution culturale. Les machines à grand travail (espicadoras et lieuses, batteuses, etc.) sont employées en grand dans la région.

Le marché des grains s'est uniformisé depuis la création à Sétif de magasins généraux, bien installés (silos en ciment armé, élévateurs, etc.) permettant leur conservation et leur unification.

Tout le secret du développement agricole de ce pays, en somme peu favorisé par la nature, est là. Ces méthodes de culture quoique paraissant encore arriérées, puisqu'elles négligent des problèmes importants, tels que ceux de la restitution et de l'enrichissement des sols, sont cependant nettement progressives. Elles assurent la vie économique de ces régions, créatrices de richesses, et indemnes jusqu'à ce jour des perturbations économiques dues aux cultures industrielles, la vigne en particulier.

Il faut ajouter que l'exploitation du bétail occupe aussi une place importante dans l'arrondissement et soutient efficacement la culture des céréales. Quoique les parcours aient diminué sous l'action des labours préparatoires, le cheptel ne s'en est pas moins accru dans de fortes proportions. Ce résultat, paradoxal au premier abord, a été obtenu par l'utilisation de méthodes zootechniques appropriées. Si la production du mouton est encore en majeure partie entre les mains des indigènes, les méthodes de sélection et de croisement ont permis à des propriétaires de Sétif, Saint-Arnaud, Bordj-bou-Arréridj, de créer des troupeaux de choix. Le croisement avec le mérinos du Crau a donné les meilleurs résultats.

La race bovine du pays a aussi été améliorée par la sélection, le croisement, étayés par la création de logements indispensables en hiver, et l'assurance d'une ration journalière pendant la majeure partie de l'année. L'importation des reproducteurs les plus disparates a donné lieu à une suite de métis souvent peu réussis :

Les races Bretonne, Durham, Charolaise, Salers, Schwitz, Fribourg, ont successivement été utilisées. Des spécimens se rencontrent dans les régions où la neurriture est la plus abondante (vallée du Bou Sellam) avec des vaches laitières de réelle qualité, mais ce n'est là qu'un point très particulier.

Dans cet ordre d'idées, il est indispensable de signaler les brillants résultats obtenus par M. Charles Lévy, dans sa propriété de Fermatou, en matière d'élevage. L'utilisation des eaux du Bou Sellam, lui permettant les cultures intensives (fourrages, racines, choux) une belle vacherie de race Fribourg a été installée. L'industrie fromagère (façon Camembert et Port Salut) avec outillage moderne (caves, frigos, séchoirs, etc.) en a été la conséquence, démontrant le succès de l'initiative privée.

La race Tarentaise s'est, depuis plusieurs années, imposée par ses qualités de rusticité et d'adaptation.

La production mulassière a donné de beaux résultats par la création d'un type trapu, de bonne taille, à membres solides, se rapprochant du mulet du Poitou.

Les belles juments des Eulmas et des Rhiras ont servi aux premiers essais, avec des baudets savoyards ou pyrénéens. Depuis, des juments bretonnes du type postier, bien adaptées au milieu, ont été utilisées pour cette opération industrielle. Les mulets ainsi que les juments servent aux travaux du sol, les réalisant dans des conditions de revient inespérées.

Les associations agricoles sétifiennes, le Comice en particulier, ont grandement contribué au développement du cheptel par l'importation de reproducteurs (béliers, taureaux, baudets, verrats) mis à la disposition de ses membres. Elles ont tracé la voie où se sont lancés aujourd'hui les particuliers pour le plus grand bien du développement agricole du pays.

Cette influence de l'association, qui s'est exercée largement en outre dans le domaine social (syndicats agricoles, caisses de crédit, caisses d'assurances mutuelles agricoles), reste un des caractères les plus typiques de cette fraction des Hauts-Plateaux Algériens.

ESQUISSE AGROLOGIQUE

Nous avons pris comme guide, dans notre étude, la carte géologique détaillée de la région. On sait que le sol arable est le plus souvent formé par la désagrégation de la roche qui lui sert de support, il en résulte nécessairement que les sols qui dérivent d'une même formation géologique doivent être très analogues au point de vue agricole, puisque les roches mères qui leur ont donné naissance sont composées des mêmes éléments minéraux.

Cependant, une même formation géologique présente souvent des facies différents caractérisés par des changements de couleur ou par des différences dans la constitution mécanique ; il est donc nécessaire de rechercher, dans chaque formation, les divers facies, et de prélever sur chacun d'eux des échantillons pour l'analyse. Comme on le verra plus loin, la composition chimique des échantillons pris dans la même formation ne varie, en général, que dans des limites assez restreintes, de sorte que les résultats des analyses peuvent être étendus aux mêmes formations géologiques que l'on peut rencontrer en dehors de la région que nous avons étudiée.

Nous empruntons à la notice explicative de la carte géologique détaillée de Sétif, dressée par M. Savornin, Chef des Travaux de Géologie à la Faculté des Sciences d'Alger, la description sommaire des terrains sédimentaires qui forment le sol agricole de cette région.

a Eboulis de pentes. Le pays est à hydrographie assez peu active pour que les éboulis et les remaniements sur les pentes n'y jouent qu'un rôle presque négligeable. La teinte a ne se rapporte qu'à quelques glissements de cailloutis pliocènes.

a' Alluvions récentes. Dépôts limono-sableux plus ou moins mêlés de cailloux roulés ou d'éclats de roches. Ces terrains n'occupent généralement qu'une faible largeur le long des vallées. Ils donnent cependant lieu à quelques plaines assez larges dans la région de Coligny, d'El-Anasser, d'Aïn-Sfia et surtout dans une notable portion du cours du Bou-Sellam, dont la plaine basse, bien nivelée, occupe souvent une largeur supérieure à 500 mètres.

q' Alluvions anciennes des Vallées (terrasse inférieure). Niveau caillouteux d'altitude relative très variable dominant plus ou moins les thalwegs de quelques vallées importantes : Oued Kralfoune, Oued Bou Sellam.

q₁ **Alluvions anciennes** (terrasse supérieure du Bou Sellam). Un niveau d'alluvion assez élevé peut être distingué dans la vallée du Bou Sellam. Il correspond à l'hydrographie ancienne pour laquelle le niveau de base n'était pas encore la Méditerranée, mais un bassin fermé situé au sud de Sétif.

p'₍c₎ **Calcaire Lacustre.** Dans la région au Sud de Sétif, le flanc oriental des vallées est généralement couronné par une petite corniche remarquablement nette, qui est à peu près tout ce que l'on peut discerner d'un dépôt calcaire formant plateau entre des vallées parallèles voisines. Ces divers plateaux n'ont vers l'Est que des limites fictives, les débris calcaires disparaissant peu à peu à la surface de la formation suivante. Ces dépôts ont été désignés sur la feuille Aïn-Tagrout sous le nom de *carapace calcaire* qui leur conviendrait encore ici. Mais on constate à peu de distance au Sud de Sétif, vers le Mesloug, l'intercalation de plusieurs niveaux calcareux semblables qui ont fourni quelques traces de Planorbes, Limnées, etc. au sein de la formation fluvio-lacustre suivante.

p'₍l₎ **Limons rouges et Conglomérats.** Dépôts fluvio-lacustres offrant ordinairement une coloration rougeâtre assez prononcée. Mélange de Limons argilo-sableux, parfois avec grumeaux calcaires, et de lits de graviers et galets qui peuvent, accessoirement, constituer des bancs de poudingues. Dans la région de Coligny et en divers autres points, les limons imprégnés d'humus sont devenus noirâtres. Les galets sont plus volumineux et plus fréquents au Nord qu'au Sud. A l'ouest d'Aïn Abessa et au Nord d'El Ouricia, leur abondance indique des débouchés de cours d'eau importants, affluents de l'ancien lac Sétifien.

e' **Grès quartzeux et argiles (Medjanien).** Puissante accumulation de grès quartzeux, à grain très variable. Pas de fossiles connus. Le facies général de ces masses gréseuses, leurs aspects lithologiques divers, ne laissent pas de doute sur leur synchronisme avec d'autres dépôts entièrement semblables, également sans fossiles mais mieux datés par leur situation stratigraphique.

e₍ıv₎ **Calcaires Marneux et Calcaires à Silex.** Formation calcaire ou marno-calcaire, assez puissante, d'aspect crayeux caractéristique, très litée, avec silex noirs craquelés, bien spéciaux. On n'y a pas recueilli de fossile typique, mais leur âge suessonien n'est pas douteux. Des traces de phosphate du type classique en Algérie, s'y montrent aussi par places, particulièrement à l'Est de Sétif.

e₍v₎ **Marnes Bitumineuses et Grès Glauconieux.** Assise argileuse d'épaisseur variable existant constamment à la base de la formation précédente. Sa limite inférieure est parfois théorique : lorsque l'étage suivant qui lui sert de substratum immédiat, revêt lui-même le facies argileux. Des intercalations glauconieuses

La carte ci-contre au $\frac{1}{200.000}$ donne une idée de la topographie des environs de Sétif.

Les traits gras limitent les régions où les échantillons ont été prélevés ; les trois rectangles correspondent aux trois extraits de la carte géologique détaillée au $\frac{1}{50.000}$.

LÉGENDE

Limite de commune de plein exercice	Cimetières 1 chrétien 2 musulman 3 israélite	Source, fontaine
„ „ mixte	Église, chapelle, marabout	Puits
„ „ indigène des	Maisons, ferme	Source thermale
„ „ postes et d'annexe	Usine, manufacture	Carrière
	Ruines romaines R.R	Point trigonométrique (1er ordre)
Limite des tribus	Vestiges d'anciennes voies	Clocher marabout
Poste P	Cannaux d'irrigation	Marché
Poste télégraphe TP	Aqueduc	Maison Cantonnière
Poste télégraphe téléphone PTt	Barrage	
	Pont, gué	
	Moulin à eau	

I. Voies carrossables et bien entretenues

Routes terrassées, en lacune

Route nationale

départementale

Ch^in de gr^de commun^on

„ d'intérêt commun

„ vicinal

Sentiers

Les points rouges placés le long des routes nat^les indiquent les distances de 5 en 5 Km. Sur les routes départ^les et les chemins de gr^de commun.^on les points accompagnés d'un chiffre indiquent la distance entre les lieux habités ou les embranchements de routes Ces distances sont comptées dans le sens marqué par la position du chiffre à droite ou à gauche du point considéré.

Sur les routes nat^les et Départ^les pentes égales ou sup^res à 5%

Chemins de fer

A voie normale

St^on

Tunnel Viaduc

Passages

en dessus, à niveau, en dessous

Surfaces irrigables

Montagne

Marais

Ravine sans eau en été

Echelle 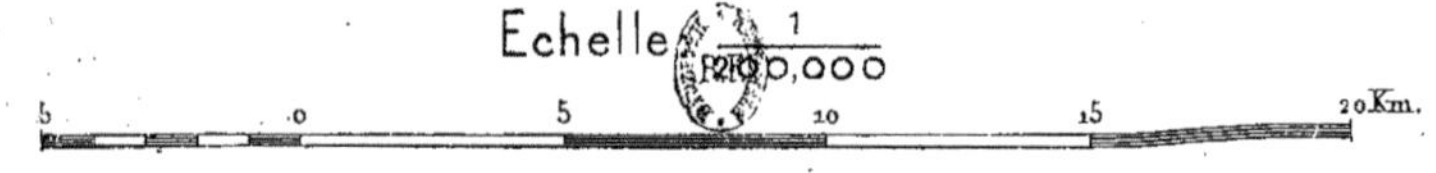 $\frac{1}{200.000}$

5 0 5 10 15 20 Km.

L'équidistance des courbes est de 100^m

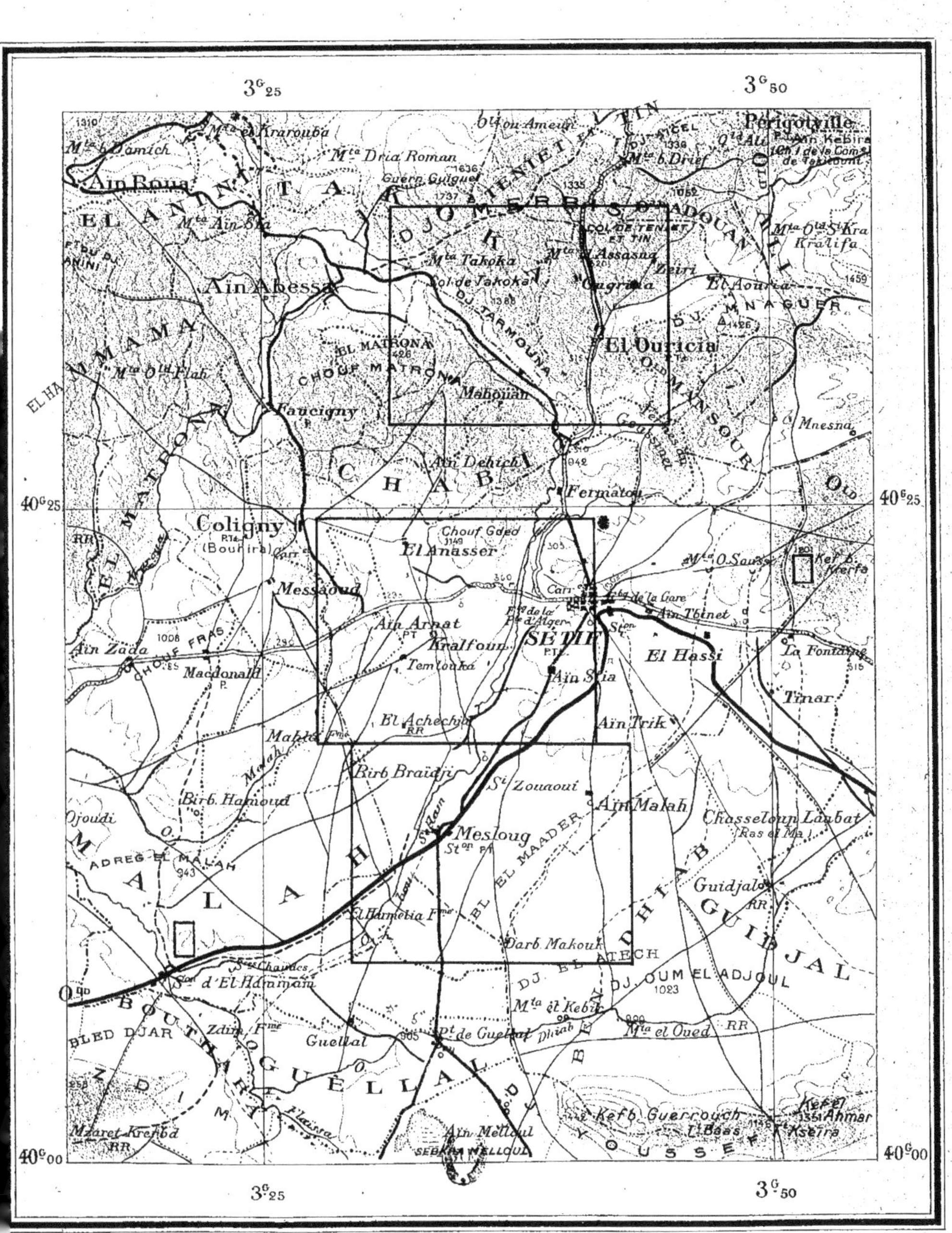

3G25
3G50
Périgotville
Ain Roua
Mt b Damich
Mt el Krarouba
Mta Dria Roman
Ot ou Ameur
DJ-S-EL
Mt b Drief
Ot Au
Ain Kebira
Ich I de la Com
de Tebessont
EL ANINI
TA
DJOMERBIS D'ADOUAN
COL DE TENIET
ET TIN
Mta Ol SKra
Kralifa
Mta Ain Sta
Guern Guiguet
Mta Takoka
Mta Assasna
Zeiri
El Aouria
1459
Ain Abessa
Col de Takoka
DJ-TARMOLNA
Ougraia
MNAGUER
EL HAMMAMA
Mta Ol Flah
EL MATRONA
CHOUF MATRONA
EL MATRONA
Faucigny
Mahouan
El Ouricia
OD MANSOUR
Mnesna
CHAB
Ain Dehich
Fermatou
OD
40G25
40G25
Coligny
(Bouhira)
Chouf Gued
El Anasser
Mta O. Sauss
Kef b
Merfa
Messaoud
Ain Arnat
Fte de la
Pte d'Alger
Ain Thinet
La Fontaine
Ain Zada
CHOUF FRAS
Kralfoun
SÉTIF
El Hassi
Macdonald
Temlouka
Ain Stia
Tinar
El Achechja
Ain Trik
Mahla Fme
Birb Braidji
St Zouaoui
Ain Malah
Chasseloup Laubat
(Ras el Ma)
Birb. Hamoud
Ojoudi
ADREG EL MALAH
EL EL MAADER
GUIB
Guidjalo
DHIAB
MALAH
Mesloug
El Harmelia Fme
Darb Makouk
ATECH
JAL
GUIBJAL
Sd Chaines
Sd d'El Hamman
BOUTHIEF
DJ BEL
DJ OUM EL ADJOUL
1023
Zdim Fme
DJ EL
Mta el Kebir
BLED DJAR
ZDIM
Guellal
Pt de Guellal
Dhiab
Mta el Oued
RR
Mzaret Krefba
RR
Ain Melloul
SEBKRA MELLOUL
Kef b. Guerrouch
El Baas
Kef el
Ahmar
Xseira
YOUSSEF
40G00
40G00
3G25
3G50

TERRAINS SÉDIMENTAIRES

a — Eboulis des pentes

a² — Alluvions récentes

q¹ — Alluvions anciennes des Vallées (terrasse inférieure)

q, — Alluvions anciennes (terrasse supérieure du Bou Sellam)

p_c^1 — Calcaire lacustre

p_l^1 — p_l^1 Limons rouges et conglomérats

$é_A^2$ — Eboulis de grès medjaniens

e² — Grès quartziteux et argiles (Medjanien)

e_{IV} — Calcaire marneux et calc. à silex

e_V — Marnes bitumineuses et grès glauconieux

c_b^9 / c_a^9 — c_b^9 Calcaires à Ostrea Villei ; c_a^9 Marnes noires schistoïdes

LÉGENDE

Plongement des couches

Horizontalité

Verticalité

Contours déterminés (1) et fictifs (2)

Matériaux de construction

Calcaires (moellons) c_b^9

Calcaires (dalles) c_a^9, c_b^9, e_{IV} (Fermatou Sétif)

Tuileries et briqueteries (Sétif)

Carrières à ciel ouvert

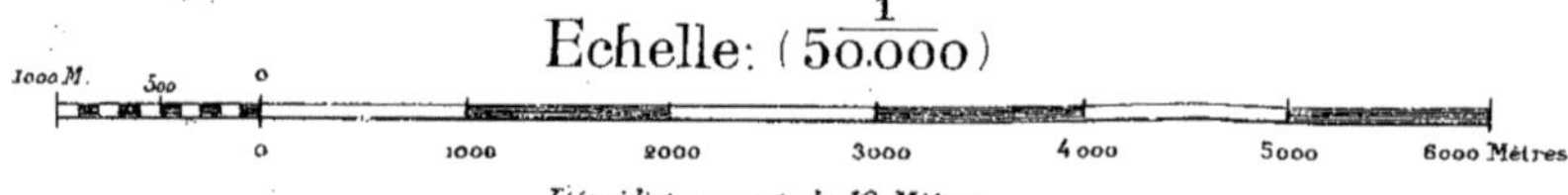

L'échelle est figurée en Kilomètres sur les 4 cotés du cadre intérieur.

Echelle: ($\frac{1}{50.000}$)

1000 M.   500   0

0   1000   2000   3000   4000   5000   6000 Mètres

L'équidistance est de 10 Mètres

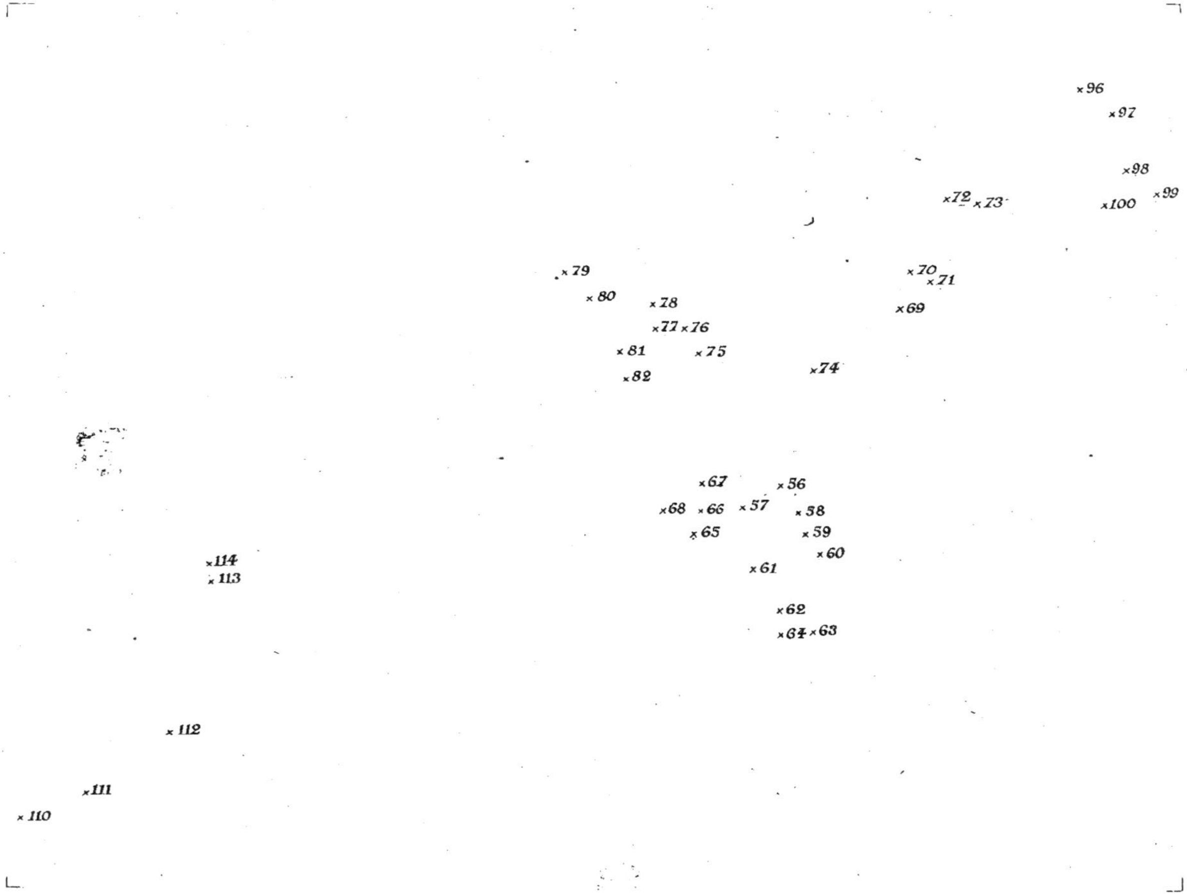

×96 ×97 ×98 ×99 ×100

×72 ×73 ×70 ×71 ×69 ×74

×56 ×57 ×58 ×59 ×60 ×61 ×62 ×63 ×64

×65 ×66 ×67 ×68 ×75 ×76 ×77 ×78 ×79 ×80 ×81 ×82

×110 ×111 ×112 ×113 ×114

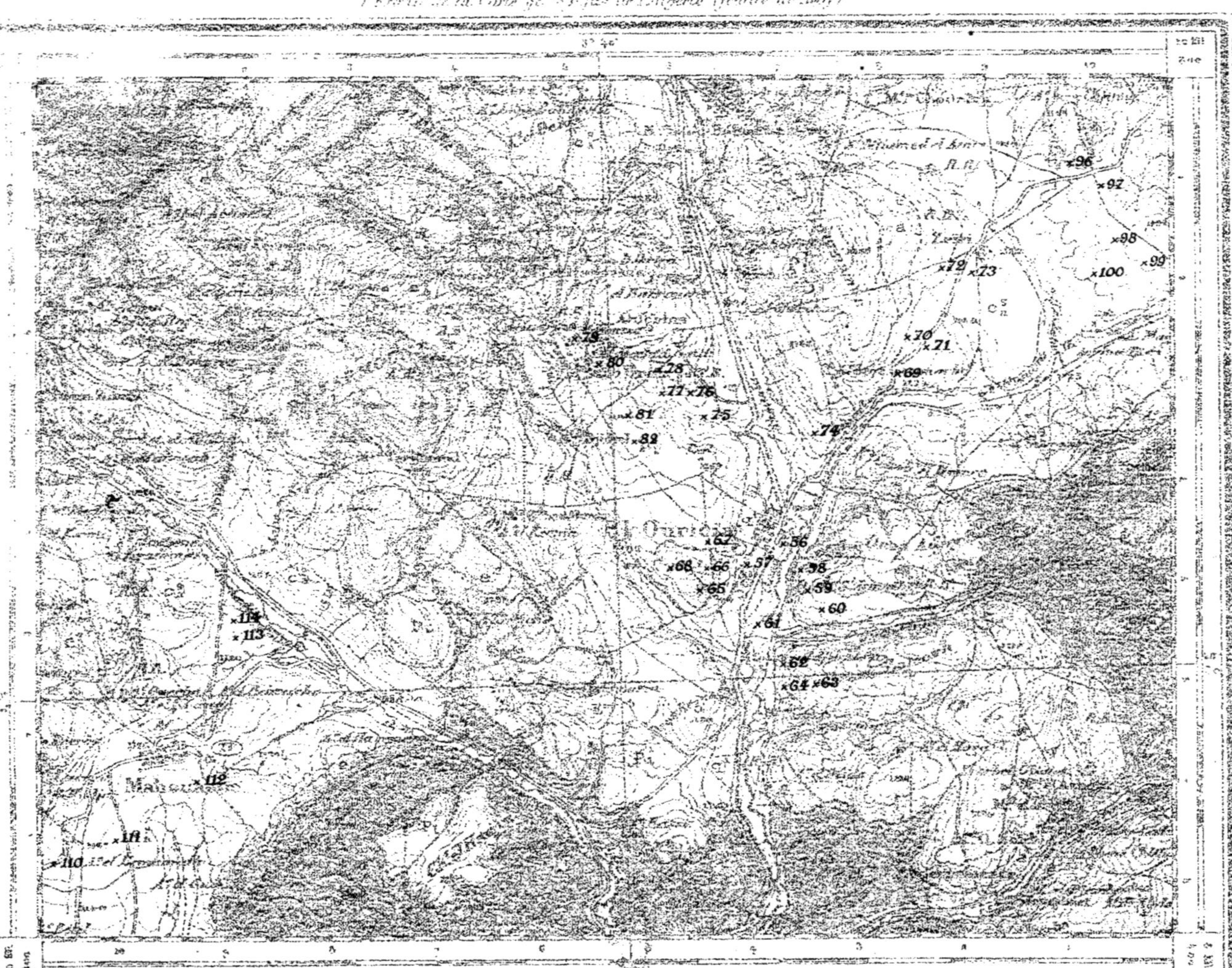

Extrait de la Carte géologique de l'Algérie (feuille de Sétif)

LITH. JULES CARBONEL, ALGER

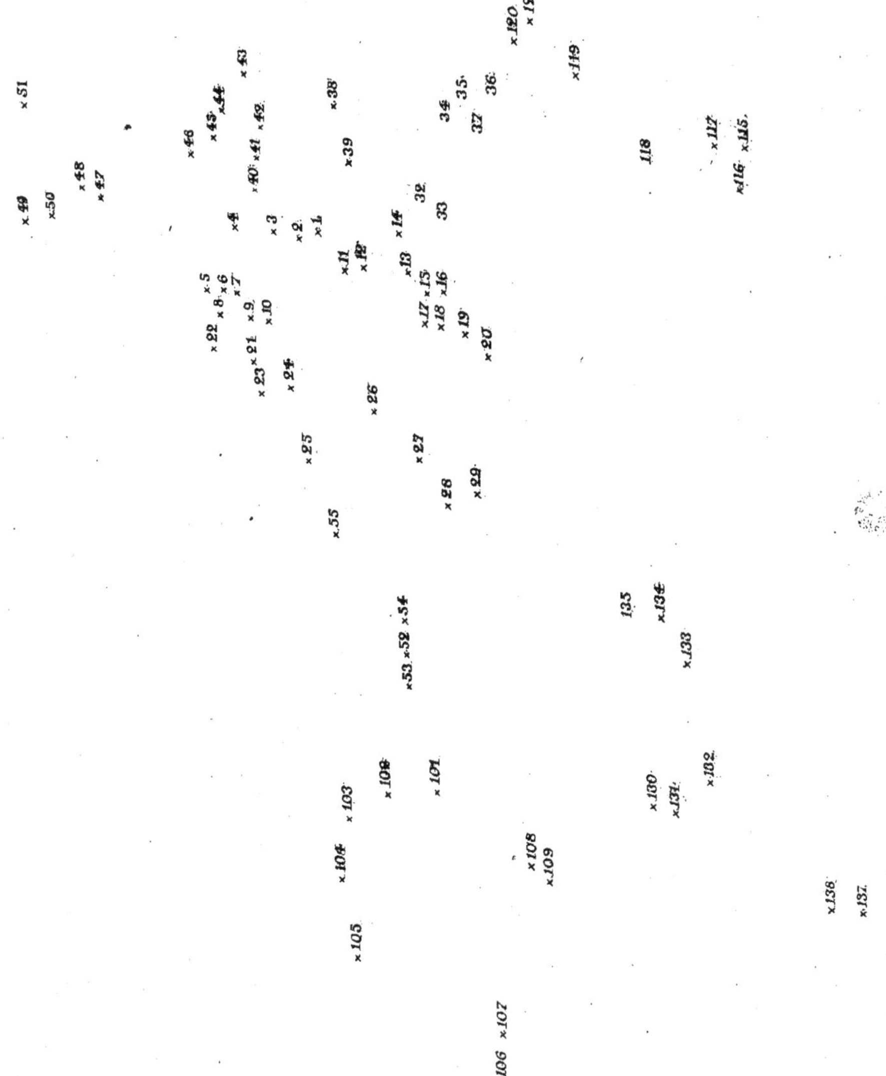

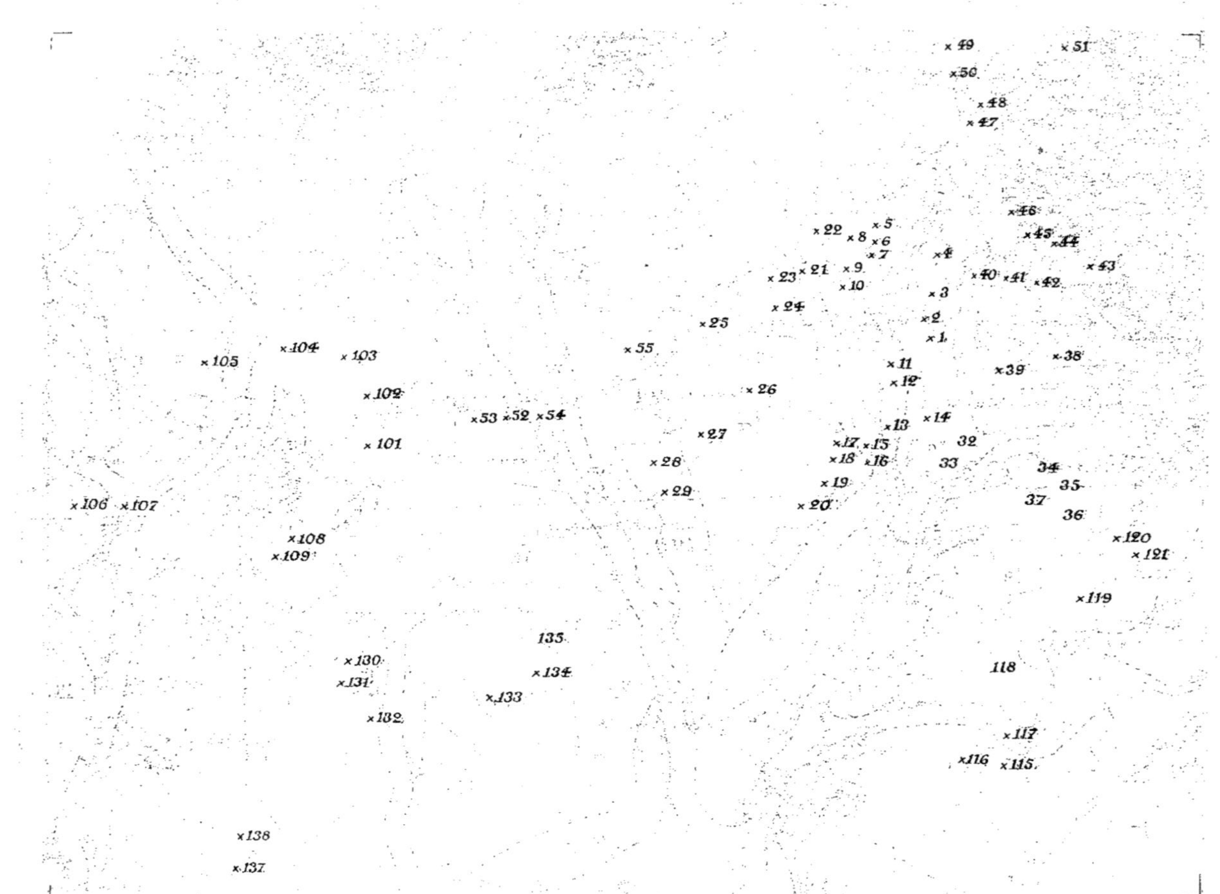

49 51
50
48
47
46
45 44
22 8 5 6 7 4 43
23 21 9 40 41 42
10 3
24 2
25 1
55 11 38
12 39
26
53 52 54 13 14
27 17 15 32
28 18 16 33
104 103 29 19 34
105 20 35
102 37 36
101 120
106 107 121
108 119
109
135 118
130 134
131 133 117
132 116 115
138
137

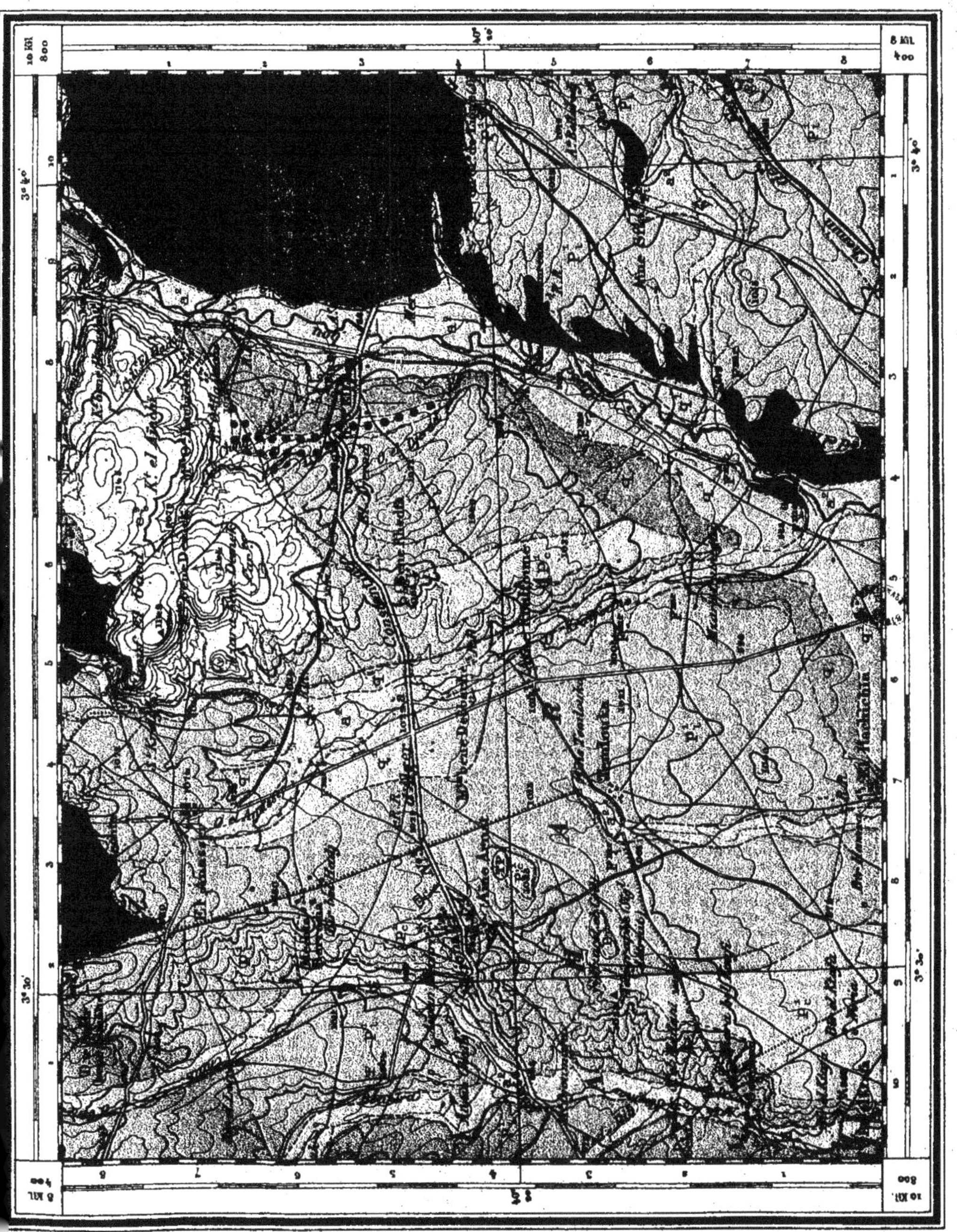

× 136

× 145
× 146
× 147
× 148

× 143
× 144

× 95

× 149
× 150
× 151
× 152

× 94   × 139

× 153
× 154
× 155
× 156

× 93   × 142

× 92

× 140

× 141

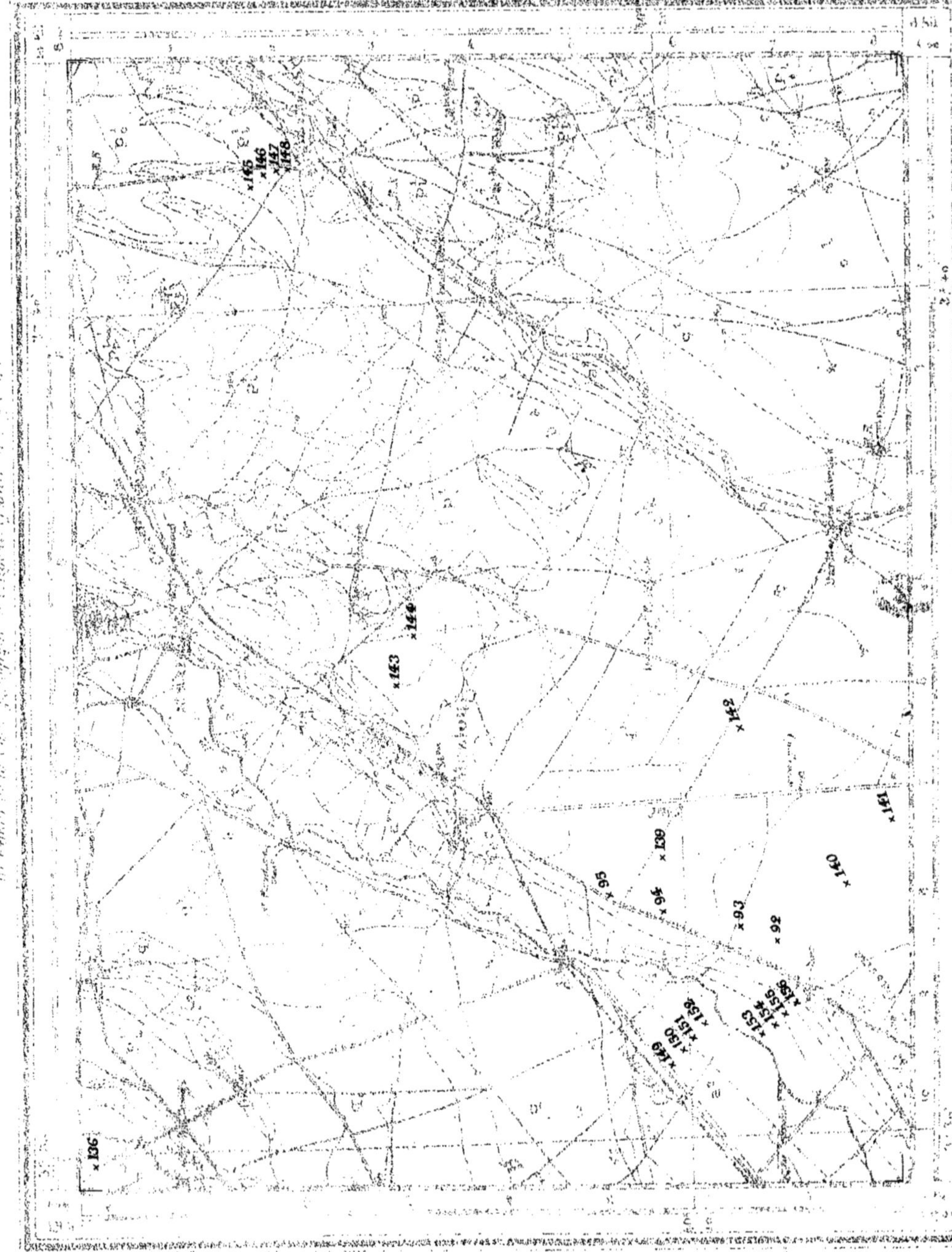

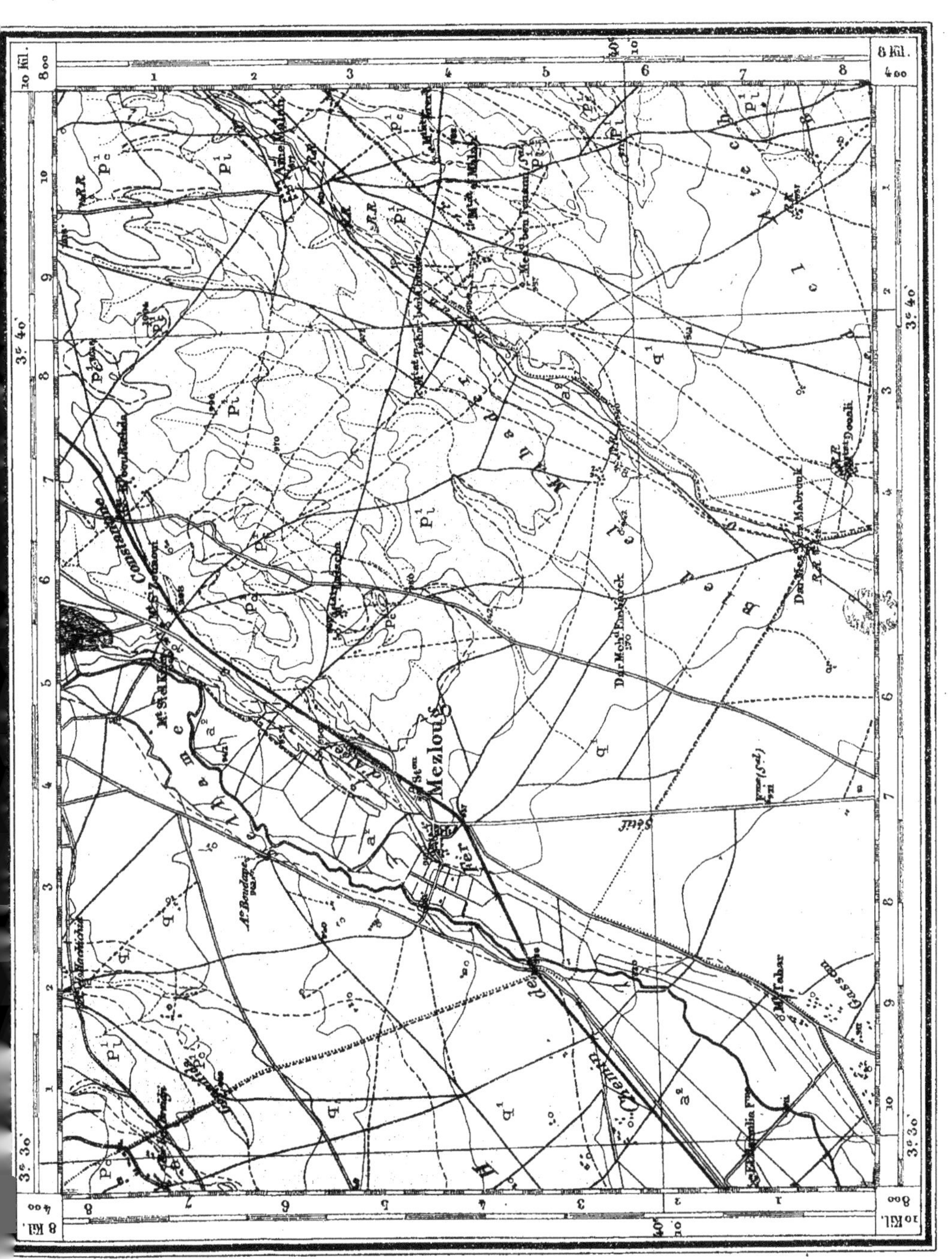

assez fréquentes, à Sétif même, permettent d'établir une distinction : les marnes noires crétacées sont dépourvues de cette glauconie. Fossiles très rares : débris d'Ostrea indéterminés, Térébratulines.

c'$_b$ **Calcaires à Ostrea Villei.** Facies calcaire du crétacé terminal. Bancs nombreux de calcaires compacts généralement réglés. Faune maestrichtienne habituelle : Ostrea Villei Coq. prédomine, avec d'autres ostracés, plicatules, Roudaireia, Auressensis Coq. sp. et autres bivalves : Echinobrissus Sitifensis, etc.

c'$_a$ **Marnes noires schistoïdes.** Equivalent latéral vers le Nord des couches précédentes (au moins de leur partie supérieure). Marnes très analogues à e$_v$. Rares débris d'Inocérames et pas d'autres fossiles en général. Lorsqu'elles sont très développées ces marnes admettent des intercalations calcaires plus ou moins fréquentes (au Nord de Aïn Abessa par exemple).

RÉSULTATS ANALYTIQUES

Nous exposerons successivement les résultats de nos analyses, et les conclusions qui en découlent, en commençant par l'assise inférieure, ici c^9_a ; les autres suivront dans l'ordre chronologique.

Les analyses : mécanique, physique, chimique, ont été faites d'après les méthodes suivies dans les Stations agronomiques françaises ; nous rappellerons seulement les définitions des principaux constituants :

Les *cailloux* sont des débris de roches, plus ou moins volumineux, qui refusent de passer au tamis à mailles de $1^{c/m}$.

Les *graviers* sont les débris de roches qui passent au tamis précédent, mais refusent de passer au tamis à mailles de $1^{m/m}$ d'écartement.

La *terre fine* passe au tamis à mailles de $1^{m/m}$ d'écartement. Pour les constituants minéraux de la terre fine, leurs dimensions sont comprises dans les limites suivantes :

> Sable grossier, de $1^{m/m}$ à $0.05^{m/m}$.
> Sable fin, de $0.05^{m/m}$ à $0.005^{m/m}$.
> Argile, dimensions inférieures à $0.005^{m/m}$.

c^9_a Marnes noires schistoïdes

Les terres de cette formation sont surtout localisées dans le Nord de l'arrondissement, à Zeïri, Mahouane, Aïn Abessa, ainsi que dans le Nord-Ouest. La marne noire schistoïde, qui a donné naissance à la terre arable, apparaît quelquefois au voisinage de la surface. L'échantillon 114, de Mahouane, a été pris dans un de ces affleurements schisteux. A Zeïri, dans les échantillons 96 et 97, le sous-sol schisteux apparaissait à $30^{c/m}$ pour le premier, à 40 pour le second, mais le plus souvent l'épaisseur de la couche de terre arable est bien plus considérable ; elle dépasse quelquefois plusieurs mètres, comme on peut le voir sur des flancs de coteaux ravinés de Mahouane. A Zeïri, on constate quelquefois la présence, dans le sous-sol schisteux, d'intercalations de couches calcaires cristallines de 2 à $3^{c/m}$

Analyse mécanique

Numéros et origine des échantillons	Cailloux		Graviers		Terre fine	Humidité de la terre fine
69. Sol de 0 à 30..... Zeïri	4	C. Sx.	3	C. S.	993	11,6
Sous-sol de 30 à 60.	1	C. Sx.	0		999	12,0
70. Sol de 0 à 30.. .... —	11	Cm.	14	Cm..	975	13,0
71. Sol de 0 à 40 ...... —	38	Cm. Sc.	29	Cm. Sc.	933	7,0
Sous-sol de 40 à 60.	84	Cm. Sc.	52	Cm, Sc.	864	10,4
72. Sol de 0 à 40...... —	4	Cm Sc.	4	Cm. Sc.	992	9,2
73. Sol de 0 à 40...... —	0		0		1000	11,5
96. Sol de 0 à 30...... —	0		0		1000	6,0
Sous-sol de 30 à 60.	0		9	Sc. Cm.	991	7,0
97 Sol de 0 à 40....... —	8	Sc.	15	Sc.	977	7,6
98. Sol de 0 à 20...... —	100	Cc.	81	Cc.	819	6,0
Sous sol de 20 à 40.	0		0		1000	6,7
99. Sol de 0 à 40...... —	0		0		1000	10,3
100. Sol de 0 à 25..... . —	20	Cc. Sc.	119	Cc. Sc.	861	8,0
Sous-sol de 25 à 50.	100	Sc.	81	Sc.	819	4,4
110. Sol de 0 à 30. . Mahouane	21	Cc. Sx.	0		979	7,6
111. Sol de 0 à 30... —	7	Cc.	25	Cc	968	7,5
112. Sol de 0 à 40... —	0		4	Cc.	996	10.0
113. Sol de 0 à 40... —	0		7	Cc.	993	4,8
114. Sol de 0 à 40... —	8	Sc.	15	Sc. Cc.	977	4,4

Abréviations : C calcaires, Cc. calcaires compacts, Cm. calcaires marneux, S. siliceux, Sc. schisteux, Sx. silex.

Analyse physique de la terre fine sèche

Numéros des échantillons	Sable grossier			Sable fin			Argile	Humus
	calcaire	non calc.	total	calcaire	non calc.	total		
69. Sol	10	43	53	56	556	612	308	27
Sous-sol	10	47	57	56	523	579	332	32
70. Sol	13	32	45	97	517	614	311	30
71. Sol	22	23	95	238	410	648	237	20
Sous-sol	105	8	113	352	67	419	464	4
72. Sol	14	34	48	95	517	612	320	20
73. Sol	10	35	45	25	570	595	331	29
96. Sol	120	20	140	476	272	748	107	5
Sous-sol	127	22	149	480	289	769	75	7
97. Sol	130	22	152	339	345	684	149	15
98. Sol	79	17	96	304	381	685	207	12
Sous-sol	71	9	80	486	252	738	175	7
99. Sol	27	22	49	152	525	677	251	23
100. Sol	123	23	146	220	443	663	186	5
Sous-sol	136	30	166	241	459	700	125	9
110. Sol	20	61	81	115	282	397	502	20
111. Sol	48	61	109	114	248	362	494	35
112. Sol	10	26	36	94	224	318	619	27
113. Sol	98	33	131	342	180	522	333	14
114. Sol	95	27	122	238	386	624	246	8

Analyse chimique de la terre fine sèche

Numéros des échantillons	Calcaire total	Azote	Acide phosphorique	Potasse	Magnésie	Chaux (1)
	‰	‰	‰	‰	‰	‰
69. Sol	66	2,3	2,8	1,9	1,2	37
Sous-sol	66	1,9	2,7	2,2	1,0	37
70. Sol	111	2,2	2,7	1,9	0,8	62
71. Sol	310	2,4	2,6	1,8	0,58	162
Sous-sol	457	0,8	2,2	0,69	5,6	256
72. Sol	109	2,2	8	1,6	0,4	61
73. Sol	35	2,8	6,2	2,3	0,4	19,6
96. Sol	597	1,8	1,8	2,2	0,11	334
Sous-sol	606	1,7	0,62	2,1	0,10	338
97. Sol	470	2,1	0,65	3,3	traces	262
98. Sol	384	2,7	3,2	3,1	0,11	214
Sous-sol	568	1,7	4,3	2,0	0,24	318
99. Sol	178	2,6	3,3	3,2	0,11	100
100. Sol	343	2,0	4,4	2,6	0,12	192
Sous-sol	378	2,0	4,0	1,8	0,10	212
110. Sol	135	2,1	4,3	1,4	2,2	76
111. Sol	162	2,6	2,1	1,9	2,3	91
112. Sol	104	2,4	10,0	1,1	2,0	58
113. Sol	440	1,7	4,0	1,4	2,9	246
114. Sol	333	1,2	3,0	1,1	1,8	186

(1) Comme toutes ces terres sont plus ou moins riches en calcaire, on n'a pas jugé utile de doser la chaux totale, les chiffres inscrits dans cette colonne sont donc ceux qui correspondent à la chaux du calcaire.

Analyse chimique de la terre complète sèche

Numéros des échantillons	Calcaire total	Azote	Acide phosphorique	Potasse	Magnésie	Chaux (1)
	‰	‰	‰	‰	‰	‰
69. Sol..............	58	2,1	2,5	1,7	1,1	32
Sous-sol..........	58	1,7	2,4	1,9	0,9	32
70. Sol......	98	1,9	2,4	1,7	0,7	55
71. Sol..........	268	2,1	2.2	1,6	0,50	150
Sous-sol..	389	0.7	1,9	0,59	4,8	218
72. Sol..............	102	2,1	2,6	1,5	0,37	57
73. Sol..............	35	2.8	6,2	2,3	0,4	19,6
96. Sol..............	597	1,8	1,8	2,2	0,11	334
Sous-sol..........	600	1,7	0,61	2,1	0,10	336
97. Sol..............	458	2.3	0,63	3,2	traces	257
98. Sol..............	312	2,2	2,6	2,5	0,09	175
Sous-sol..........	568	1,7	4,3	2,0	0,24	318
99. Sol............. ...	178	2,6	3.3	3,2	0,11	100
100. Sol............. .	293	1,7	3,8	2,4	0,10	164
Sous-sol............	307	1.6	3,4	1.5	0,08	172
110. Sol..............	132	2,1	4,2	1,3	2,2	74
111. Sol..............	157	2,5	2,0	1,8	2,2	88
112. Sol............	104	2,4	10,0	1,1	2,0	58
113. Sol..............	440	1,7	4,0	1,4	2,9	246
114. Sol	325	1,2	2,9	1.1	1,8	182

(1) Chaux du calcaire.

d'épaisseur. Ces croûtes, brisées par la charrue, introduisent dans le sol de petites quantités de cailloux et de graviers de calcaire compact **(Cc)**.

L'analyse mécanique montre qu'en général les cailloux et les graviers ne représentent qu'une proportion infime de l'ensemble : de 0 à 3 % le plus souvent, rarement 15 à 20 %.

Les proportions de sable grossier sont généralement inférieures à 100 grammes par kilogramme ; le maximum atteint dans les échantillons analysés est de 125 grammes.

Les échantillons 110, 111 et 112, doivent, d'après l'avis d'agriculteurs connaissant la région, être considérés comme les sols types des environs de Mahouane, avec, comme moyenne :

> 75 de sable grossier,
> 359 de sable fin,
> 538 d'argile.

Dans les autres, comme celles de Zeïri, où le sous-sol schisteux est plus voisin de la surface, les proportions de sable grossier sont toujours faibles, mais célles des sables fins sont plus grandes que celles de l'argile.

Toutes sont des terres fortes ; elles sont généralement assez riches en humus, les proportions de calcaire sont toujours assez élevées pour assurer la coagulation de l'argile et permettre à la nitrification de s'effectuer normalement dans la terre ameublie.

Grâce à l'abondance des éléments fins, elles sont capables de faire des réserves importantes d'humidité, à la condition que le sol soit convenablement travaillé pour permettre la pénétration de l'eau.

Comme ces terres ne contiennent que peu ou pas de cailloux, la composition chimique de la terre complète ne diffère pas beaucoup de celle de la terre fine.

On sait que les terres qui contiennent par kilogramme :

> 1 gramme d'azote,
> 1 gramme d'acide phosphorique,
> 2 grammes de potasse,
> 1 gramme de magnésie,

sont considérées comme suffisamment riches pour entretenir la vie normale des plantes.

Or ici, la teneur en azote est toujours voisine ou supérieure à deux grammes par kilogr., sauf dans les parties schisteuses (échantillon 114).

La teneur en acide phosphorique n'est que 0 gr. 63 dans l'échantillon 97, mais dans tous les autres, elle est supérieure à 2 grammes par kilogr. ; dans une terre de Mahouane, elle atteint 10 grammes. On peut donc dire qu'en général les terres de cette formation sont riches en azote et en acide phosphorique [1].

Les terres de Zeïri sont, en général, assez riches en potasse, celles de Mahouane le sont moins ; par contre la magnésie fait généralement défaut à Zeïri, tandis que celles de Mahouane en sont bien pourvues.

Par suite de la présence d'humus en quantités assez notables et de la constitution de ces terres, qui sont en partie constituées par des éléments fins (sables fins et argiles), il y a lieu de penser que ces matières nutritives sont facilement assimilables.

Pour conserver à ces terres leur fertilité actuelle, il suffirait d'obéir à la loi de restitution par l'apport d'engrais complet et surtout de fumier.

L'emploi de la potasse et de la magnésie, comme engrais complémentaires, dans les terres où ces éléments sont en déficit, pourrait peut-être donner de bons résultats.

---

(1) On sait que dans les gisements de phosphate ce minéral n'est pas toujours uniformément réparti dans toute la masse de la roche. Il forme des couches superposées, plus ou moins riches, séparées par des couches stériles.

Les couches riches ne sont pas toujours continues, elles affectent souvent la forme lenticulaire. On conçoit que la dissémination de l'acide phosphorique dans la formation c⁰ₐ ait pu se faire de la même façon, ce qui explique les variations que l'on constate dans les résultats analytiques.

c⁹ₕ Calcaires à Ostrea Villéi

Cette formation géologique occupe une assez vaste étendue au Nord-Ouest de Sétif, sur la rive droite du Bou-Sellam. Les carrières de Fermatou exploitent ces calcaires.

Dans cette région, la désagrégation de la roche n'a donné lieu qu'à quelques lambeaux de terre végétale sans grande importance ; les échantillons 49 et 50 correspondent à un de ces lambeaux.

A l'Est de Sétif cette formation occupe une étendue assez considérable, dans les environs de la Mechta Ouled Soussi. Les bancs calcaires qui la constituent sont inclinés sur l'horizon ; ils sont séparés entre eux par des couches d'argiles tantôt jaunes, tantôt brunes ; l'épaisseur relativement faible des bancs calcaires a permis à la culture de s'installer sur une étendue un peu notable. Le schéma ci-contre représente la coupe du Nord au Sud du flanc Sud de la colline sur laquelle les échantillons ont été prélevés.

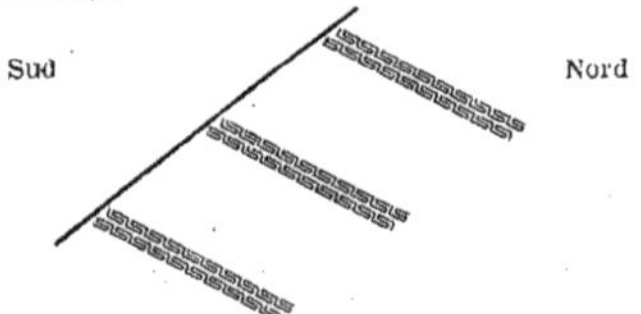

Les échantillons 49 et 50 constituent des terres fortes ; l'abondance des sables fins leur permettrait de faire des réserves notables d'humidité, mais leur épaisseur est toujours faible.

Par suite de la présence de cailloux et de graviers, la composition de la terre complète diffère assez notablement de celle de la terre fine.

Moyennement riches en azote, pauvres en acide phosphorique et en magnésie riches en potasse, telles sont leurs caractéristiques.

Les autres échantillons de la Mechta des Ouled Soussi, sont plus ou moins caillouteux : d'une manière générale le sol l'est davantage que le sous-sol et les terres du flanc Sud de la colline le sont plus que celles du flanc Nord.

Sur le flanc Sud les proportions de sables grossiers varient de 288 à 143 ; ils sont plus abondants dans le sol que dans le sous-sol ; les sables fins varient de 592 à 410, dont plus de la moitié est calcaire ; l'argile varie de 415 à 250 ; elle est toujours plus abondante dans le sous-sol que dans le sol.

Ce sont donc des terres fortes assez calcaires.

Analyse mécanique

Numéros et origine des échantillons	Cailloux		Graviers		Terre fine	Humidité de la terre fine
49. Sol de 0 à 40 Kf. bene Hamama	160	Cc Ct.	82	Cq.	858	6,6
50. Sol de 0 à 40. —	226	Cc. Ct. Sx.	41	Ct. Sx.	733	5 5
122. Sol de 0 à 25 Mechta 0d Senssi.	92	Cc Ct.	50	Cc.	858	4 4
Sous-sol de 25 à 50	61	Cc. Sc.	13	Cc. Sc.	926	6,8
123. Sol de 0 à 15....... —	23	Cc. Ct.	12	Cc. Ct.	965	6,0
Sous-sol de 15 à 30 .	0		2	Ct.	998	12,2
124. Sol de 0 à 15 .... —	134	Cc.	35	Cc.	831	5,6
Sous sol de 15 à 30 .	4	Cc.	0		996	3,4
125. Sol de 0 à 20....... —	45	Cc.	27	Cc.	928	9,8
Sous-sol de 20 à 40 .	2	Cc.	1	Cc.	997	11,8
126. Sol de 0 à 30....... —	40	Cc.	24	Cc.	936	11,8
Sous-sol de 30 à 50 .	4	Cc.	8	Cc.	988	8,0
127. Sol de 0 à 25....... —	29	Cc.	1	Cc.	970	12,0
Sous-sol de 25 à 50 .	19	Cc.	2	Cc.	982	13,0
128. Sol de 0 à 30....... —	31	Cc.	13	Cc.	956	12,0

Analyse physique

Numéros des échantillons	Sable grossier			Sable fin			Argile	Humus
	calcaire	non calc.	total	calcaire	non calc.	total		
49. Sol............	176	105	281	193	350	543	162	14
50. Sol............ ..	80	147	227	145	427	572	190	11
122. Sol............	204	84	288	246	192	438	265	9
Sous-sol..........	102	42	144	258	284	542	308	6
123. Sol.............	166	118	284	244	216	460	250	6
Sous-sol..........	120	37	157	310	282	592	246	5
124. Sol.............	132	58	190	318	188	506	295	9
Sous-sol.........	106	42	148	424	147	571	275	6
125. Sol............ ...	100	82	182	230	180	410	392	16
Sous-sol..........	82	51	143	278	150	428	415	14
126. Sol............	96	70	166	204	177	381	438	15
Sous-sol..........	74	61	135	196	158	354	497	14
127. Sol.............. ...	60	77	137	120	188	308	535	20
Sous-sol	44	74	118	131	157	288	579	15
128. Sol............ ...	80	60	140	190	184	374	474	12

Abréviations : Cc calcaires compacts, Ct calcaires tuffeux, Cq débris de coquilles, Sc schistes, Sx silex.

Analyse chimique de la terre fine sèche

Numéros des échantillons	Calcaire total	Azote	Acide phosphorique	Potasse	Magnésie	Chaux (1)
	‰	‰	‰	‰	‰	‰
49. Sol...............	369	2,3	0,48	4,3	0,85	207
50. Sol...............	225	1,9	0,13	3,3	0,60	126
122. Sol...............	450	1,5	1,5	1,0	3,0	252
Sous-sol...........	360	0,9	1.5	1,3	2 0	202
123. Sol...............	410	1,1	2,9	2,0	2,0	230
Sous-sol...........	430	0,84	3.0	1,9	1,1	241
124. Sol...............	450	1,5	1,7	1,1	2,2	252
Sous-sol...........	530	1,1	1,5	0,70	3,0	297
125. Sol...............	330	2,0	2,0	2,6	2,0	185
Sous-sol...........	360	1,9	2,2	1,7	1,8	201
126. Sol...............	300	1,9	3,1	1,6	1,2	168
Sous-sol...........	270	1,8	3,1	1,4	1,5	151
127. Sol...............	180	2,0	3,1	2,0	2,2	100
Sous-sol...........	175	1,6	3,1	3,6	2,1	98
128. Sol...............	175	1,8	3,7	2.9	2,2	151

Analyse chimique de la terre complète sèche

Numéros des échantillons	Calcaire total	Azote	Acide phosphorique	Potasse	Magnésie	Chaux (1)
	‰	‰	‰	‰	‰	‰
49. Sol...............	285	1,8	0,38	3,5	0,68	160
50. Sol...............	155	1.3	0,09	2,3	0,41	87
122. Sol...............	383	1,3	1,3	0,87	2,5	224
Sous-sol...........	332	0,87	1,4	1,2	1,8	186
123. Sol...............	395	1,1	2,9	1,9	1,9	221
Sous-soi...........	430	0,84	3,0	1,9	1,1	241
124 Sol...............	370	1,2	1,4	0,91	1,8	208
Sous-sol...........	528	1,1	1,5	0,70	3,0	296
125. Sol...............	304	1,8	1,8	2.4	1,8	170
Sous sol...........	360	1,9	2,2	1,7	1,8	201
126. Sol...............	278	1,8	2,9	1,5	1,1	156
Sous-sol...........	266	1,8	3,1	1,4	1,5	149
127. Sol...............	174	1,9	3,0	1,9	2,1	98
Sous-sol...........	171	1,6	3,0	3,5	2,1	96
128. Sol...............	267	1,7	3,5	2,8	2,1	150

(1) Chaux du calcaire.

Celles du flanc Nord sont plus argileuses que celles du flanc Sud, elles sont aussi plus riches en humus, étant un peu plus abritées des vents brûlants du Sud.

Au point de vue chimique, elles sont aussi plus riches que celles du flanc Sud : la teneur en azote variant de 1,6 à 1,9, celle de l'acide phosphorique de 2,9 à 3,5 ; les variations de la potasse sont plus grandes, de 1,4 à 3,5. Elles sont suffisamment riches en magnésie.

Sur le flanc Sud la teneur en azote est voisine de 1 gramme par kilogramme, sauf pour l'échantillon 125 (point le plus bas du coteau), où elle atteint 1,6. Cet échantillon est aussi plus riche en humus que les autres. La teneur en acide phosphorique varie de 1,3 à 3,9, celle de la potasse de 0,70 à 2,4 ; la magnésie s'y trouve toujours en quantité suffisante.

Par suite de l'abondance de l'humus et de la constitution des terres du flanc Nord très riches en éléments fins, il y a lieu de penser que les réserves alimentaires qu'elles contiennent doivent être facilement assimilables.

Il n'en est pas de même sur le flanc Sud (sauf en ce qui concerne l'échantillon 125). Ici l'humus est peu abondant, et il est probable qu'une fumure complémentaire avec du superphosphate y donnerait (en année humide) un surcroît de récolte.

Par suite du facies tout à fait spécial de la région où ces échantillons ont été prélevés, les résultats précédents ne sauraient être étendus aux autres lambeaux de terre végétale disséminés sur cette même formation géologique.

```
— 30 —
```

e, Marnes bitumineuses et Grès glauconieux

Ces argiles couvrent une surface assez importante à l'Ouest de Sétif. En d'autres points on les rencontre dans les ravins à la base de la formation suivante e_{IV}, mais le plus souvent dans des situations qui ne se prêtent pas à la culture.

Tous les échantillons analysés, sauf un, le n° 129, ont été prélevés dans la région Ouest de Sétif, où l'épaisseur de cette couche atteint au moins trois ou quatre mètres. Le n° 129, a été prélevé dans une étroite bande cultivée à un kilomètre au Nord de la Mechta des Ouled Soussi.

Analyse mécanique

Numéros et origine des échantillons		Cailloux	Graviers	Terre fine	Humidité de la terre fine
38. Sol de 0 à 30......	Ouest de Sétif.	26 C.	29 C.	945	2,5
Sous-sol de 30 à 60.		21 C.	23 C.	956	3,0
39. Sol de 0 à 30.....	—	72 C.	48 C.	880	6,1
Sous-sol de 30 à 60.		4 Cs.	19 C.	969	7,9
40. Sol de 0 à 30.	Tombeau de Scipion.	12 C.	13 Sc.	973	8,9
Sous-sol de 30 à 60.		8 Cs.	40 Sc.	952	8,9
41. Sol de 0 à 25	—	40 Cc. Sx.	21 Cq.	949	7,4
Sous-sol de 25 à 50.		13 Cc. Sx.	13 Cq.	974	6,6
42. Sol de 0 à 25.....	—	27 Cm. Sx.	24 Cq.	959	6,8
Sous-sol de 25 à 50.		12 Cm.	29 C.	959	7,9
43. Sol de 0 à 25.....	—	114 Cm. Sx.	32 C.	854	7,0
Sous-sol de 25 à 50.		3 Cm.	10 C.	987	8,7
44. Sol de 0 à 30....	—	64 Cm.	33 C.	903	7,2
45. Sol de 0 à 30....	—	44 Cc.	22 C. S.	934	5,8
46. Sol de 0 à 25.....	—	32 Cc.	10 C. S.	963	5,8
129. Sol de 0 à 30......	Mechta O^d Soussi.	33 Cc.	12 Cc.	955	9,6

Abréviations : C. calcaires, Cc. calcaires compacts, Cm. calcaires marneux, Cq. débris de coquilles, S. siliceux, Sc. schisteux, Sx. silex.

Analyse physique de la terre fine sèche

Numéros des échantillons	Sable grossier			Sable fin			Argile	Humus
	calcaire	non calc.	total	calcaire	non calc.	total		
38. Sol	206	225	431	126	282	408	150	11
Sous-sol	133	116	249	231	348	579	165	6
39. Sol	168	149	317	165	308	475	188	22
Sous-sol	148	150	298	210	337	547	147	7
40 Sol	16	154	170	24	424	448	376	6
Sous-sol	13	110	123	22	487	509	361	7
41. Sol	114	85	199	287	316	603	190	6
Sous-sol	171	139	310	291	151	442	243	5
42. Sol	152	93	245	351	186	537	212	6
Sous-sol	107	62	169	384	118	502	326	3
43. Sol	173	161	334	270	218	488	172	6
Sous-sol	261	124	385	316	166	482	129	4
44. Sol	103	111	214	216	190	406	371	9
45. Sol	126	250	376	281	249	540	89	5
46. Sol	116	127	243	198	314	512	240	5
129. Sol	34	44	78	141	224	365	543	14

Analyse chimique de la terre fine sèche

Numéros des échantillons	Calcaire total	Azote	Acide phosphorique	Potasse	Magnésie	Chaux (1)
	‰	‰	‰	‰	‰	‰
38. Sol	332	2,0	17.3	1,7	4,7	186
Sous-sol	364	1.7	12.5	0,78	2,6	204
39. Sol	333	4,1	18,0	5.9	4,5	186
Sous-sol	358	2.2	17.1	5,5	8,1	200
40. Sol	40	1,9	3,1	4.4	0,40	22
Sous-sol	35	2,3	3,0	3.6	2,1	20
41. Sol	390	1,6	14,1	1,7	1,4	218
Sous-sol	462	1,2	13,0	1,8	1.7	259
42. Sol	503	1,7	6.7	1,5	2,9	281
Sous-sol	491	1,7	6,1	1,9	9,3	275
43. Sol	443	1,9	5,2	1,7	19,7	248
Sous-sol	577	0,7	11,1	1,0	21,4	323
44. Sol	319	1,4	0,25	1,1	0,4	179
45. Sol	407	1,4	0,13	2,2	0,19	228
46. Sol	314	1,5	0,11	1.1	0,31	176
129. Sol	175	2,0	6,2	2,0	3,0	98

(1) Chaux du calcaire.

Analyse chimique de la terre complète sèche

Numéros des échantillons	Calcaire total	Azote	Acide phosphorique	Potasse	Magnésie	Chaux (1)
	%o	%o	%o	%o	%o	%o
38. Sol..	299	1,8	15,6	1,5	4,2	168
Sous-sol	334	1,6	11,5	0,72	2,4	187
39. Sol............. ..	296	3,6	16,0	5,3	4,0	165
Sous-sol	322	2,0	15,4	5,0	7,3	180
40. Sol.......	38	1,8	3,0	4,2	0,38	21
Sous-sol	32	2,1	2,7	3,2	1,9	18
41. Sol.......	340	1,4	12,4	1,5	1,2	190
Sous-sol.	446	1,1	11,8	1,6	1,5	250
42. Sol..............	494	1,5	5,9	1,3	2,6	276
Sous-sol.......	431	1,5	5,3	1,7	8,2	241
43. Sol..............	347	1,5	4,1	1,3	15,4	194
Sous-sol......... ...	512	0,6	9,9	0,9	19,1	227
44. Sol.......	265	1,1	0,22	0,91	0,33	147
45. Sol...............	355	1,2	0,10	1,9	0,17	198
46. Sol..............	282	1,4	0,1	0,98	0,28	158
129. Sol...............	166	1,9	5,9	1,9	2,8	93

Les proportions de cailloux et de graviers sont relativement faibles, voisines généralement de 5 °/₀, elles atteignent quelquefois 12 °/₀.

La constitution physique est assez variable : le N° 129 est très argileux, 545 grammes par kg. avec 365 grammes de sables fins et seulement 78 de sables grossiers ; la partie calcaire entre pour 34 grammes dans les sables grossiers et pour 141 grammes dans les sables fins.

Les terres de l'Ouest de Sétif sont bien moins argileuses, les sables fins sont toujours abondants, elles sont encore fortes, mais les travaux y seront plus ou moins faciles, par suite des différences de constitution.

L'humus y est quelquefois assez abondant : échantillons 38, 39 et 129 ; les plus riches en humus sont aussi les plus riches en azote ; dans le sol du N° 39 la teneur en azote s'élève à 3,6 dans la terre complète avec une teneur en humus de 22 grammes par kg. de terre fine.

D'une manière générale la teneur en azote est supérieure à 1 gramme par kg. (sauf dans le sous-sol de l'échantillon 43 où elle est seulement de 0,6).

La teneur en acide phosphorique est quelquefois très élevée : jusqu'à 16 grammes par kg dans l'échantillon 39, elle est toujours bien supérieure à celle qui est nécessaire pour assurer l'alimentation des végétaux, sauf cependant dans les

---

(1) Chaux du calcaire.

échantillons 44, 45 et 46 où le maximum atteint seulement 0 gr. 2 par kg., et qui sont par conséquent très pauvres. Si on examine sur la carte les points où ces trois prélèvements ont été effectués, on voit qu'ils jalonnent sensiblement une ligne de niveau suivant les zones de sédimentation. On peut donc appliquer ici la remarque qui a été faite en note à la page 25 : on se trouverait en présence d'une zone particulièrement pauvre en acide phosphorique, de peu d'étendue, car on est là sur les bords de la formation et les échantillons 40, 41, 42 et 43 pris à peu de distance des précédents, vers le Sud, sont au contraire particulièrement riches.

On peut donc déduire de ces résultats que les terres de cette formation sont, en général, riches en acide phosphorique.

Les résultats analytiques relatifs à la potasse et à la magnésie ne permettent par contre aucune généralisation, tantôt ces deux éléments se trouvent en proportion notable, tantôt au contraire ils sont en déficit.

Par leur constitution physique et chimique ces terres peuvent être rapprochées de celles de Mahouane et de Zeïri et les mêmes considérations leur sont applicables.

e$_{iv}$ Calcaires marneux et calcaires à silex

Cette formation géologique ne donne nulle part de terre végétale utilement cultivable.

---

e² Grès quartzeux et argiles (medjanien)

Les terres de cette formation ne se rencontrent guère dans la région Sétifienne qu'aux environs d'El Ouricia et de Ougrina, où elles forment de petits lambeaux émergents de la formation suivante p¹$_t$.

La présence de cailloux et de graviers gréseux indique bien leur origine.

Analyse mécanique

Numéros et origine des échantillons	Cailloux	Graviers	Terre fine	Humidité de la terre fine
65. Sol de 60 à 40 .. El Ouricia.	266 G. Sx.	106 S.	628	5,0
66. Sol de 0 à 30... —	136 G. Sx.	67 S.	797	6,2
68. Sol de 0 à 40... —	192 S.	85 S C.	723	8,0
79. Sol de 0 à 40... Ougrina.	52 G. Sx.	52 S.	857	9,2
80. Sol de 0 à 40... —	17 Sx. Ct.	33 S. C.	950	8,6
~~94. Sol de 0 à 40... —~~	~~2 S.~~	~~0~~	~~998~~	~~11,8~~

Analyse physique

Numéros des échantillons	Sable grossier			Sable fin			Argile	Humus
	calcaire	non calc.	total	calcaire	non calc.	total		
65. Sol......	1	534	535	2	341	343	109	13
66. Sol........	1	483	484	0,3	394,7	395	107	14
68. Sol..	1	250	251	7	540	547	190	12
79. Sol................	3 .	328	331	1	472	473	178	18
80. Sol............	8	314	322	12	415	427	231	20
~~94. Sol................~~	~~24~~	~~404~~	~~428~~	~~83~~	~~478~~	~~561~~	~~280~~	~~25~~

Abréviations : C. calcaires, Ct. calcaires tuffeux, G. gréseux, S. siliceux, Sx. silex.

Analyse chimique de la terre fine sèche

Numéros des échantillons	Calcaire total	Azote	Acide phosphorique	Potasse	Magnésie	Chaux (1)
	‰	‰	‰	‰	‰	‰
65. Sol..............	3	2,4	1,9	1.6	1,9	1,68
66. Sol............	1,3	1,9	1,6	2,6	2,0	9,72
68. Sol.........	8	2.0	2,2	2,6	0,93	4,48
79. Sol.................	4	2,4	1,4	1,1	0,40	2,24
80. Sol.....	20	2.1	2 2	2,9	0,71	11,4

Analyse chimique de la terre complète sèche

Numéros des échantillons	Calcaire total	Azote	Acide phosphorique	Potasse	Magnésie	Chaux (1)
	‰	‰	‰	‰	‰	‰
65. Sol.................	1,8	1,4	1,1	0.95	1,1	1
66. Sol...............	0,97	1,4	1,2	1,6	1,5	0,56
68. Sol	0.53	1.3	1,5	1,7	0,61	0,30
79. Sol................	3,10	1,9	1,1	0,85	0,31	1,74
80. Sol.	17,6	1,8	1,9	2,5	0,62	9,85

A El Ouricia leur constitution physique les rapprocherait des terres franches, si ce n'était le manque de calcaire qui fait presque complètement défaut. Elles sont relativement riches en humus, mais l'absence de calcaire doit rendre la nitrification de son azote assez difficile.

A Ougrina, le voisinage de p^1_1 a introduit dans le sol une proportion plus ou moins grande de calcaire ; les proportions d'argile y sont aussi un peu plus grandes. Là encore l'humus est abondant, et grâce au calcaire il sera plus facilement assimilable.

Elles sont assez riches en azote, l'acide phosphorique y est quelquefois très abondant, le plus souvent en proportion suffisante ; par contre la potasse et la magnésie y sont moins uniformément réparties. La première y est tantôt en proportion suffisante, tantôt en déficit, la seconde est presque toujours insuffisante. L'apport d'engrais potassiques et magnésiens pourrait donc être utile en certains cas.

---

(1) Du calcaire

p'₁ Limons rouges et conglomérats

C'est la formation géologique la plus importante de la région Sétifienne. A l'Ouest de Sétif, elle couvre de larges surfaces et s'étend jusqu'au méridien d'Aïn Tagrout.

A l'Est, elle dépasse la région de Châteaudun du Rhummel et la largeur Nord-Sud du bassin qu'elle forme est en moyenne de 25 kilomètres.

Analyse mécanique

Numéros et origine des échantillons		Cailloux	Graviers	Terre fine	Humidité de la terre fine
15. Sol de 0 à 15......	El Bez.	199 Ct. G. Sx.	181 C.	620	4,5
16. Sol de 0 à 15......	—	320 Ct. Sx.	98 C.	582	4,1
17. Sol de 0 à 30........	El Djerad.	80 Ct. G. Sx.	63 C. S.	857	7,5
Sous-sol de 30 à 60.		20 Ct. Sx.	26 C. S.	954	11,4
18. Sol de 0 à 30......	—	94 Ct. Sx.	78 C. S.	828	7,1
Sous-sol de 30 à 60.		26 Ct Sx.	14 C.	960	8,9
19. Sol de 0 à 40........	Propriété Audureau.	86 Ct. G. Sx.	43 C. S.	871	11,2
20 Sol de 0 à 30......	—	78 Ct. G Sx	35 C. S.	887	7,3
Sous-sol de 30 à 60..		75 C. Sx.	21 C, S.	904	8,3
23. Sol de 0 à 30......	Krenga.	51 C. Sx.	28 C. S.	921	2,4
Sous-sol de 30 à 60.		20 C. Sx.	29 C. S.	951	2,2
24. Sol de 0 à 20.	—	200 Ct. Sx.	119 C. S.	681	5,4
25. Sol de 0 à 20.......	—	35 C. Sx.	27 C. S.	938	4,0
Sous-sol de 20 à 50.		15 Ct. Sx.	47 C. Sx.	938	3,9
26. Sol de 0 à 30.......	—	107 C. G. Sx.	57 C. S.	836	6,8
Sous-sol de 30 à 60.		44 C. Sx.	37 C. S.	919	8,4
27. Sol de 0 à 30.......	—	260 Cc. Sx.	80 C.	660	8,2
34. Sol de 0 à 30........	Ierme Plantecoste.	186 Cc. Sx.	52 C. S.	762	6,6
Sous-sol de 30 à 60.		152 Cc. Sx.	50 C. S.	798	7,0
35. Sol de 0 à 30......	—	144 C. S.	79 C. S.	777	3,2
Sous-sol de 30 à 60.		291 C. S.	254 C. S	455	2,0
36. Sol de 0 à 15......	—	144 C. S.	79 C. S.	777	6,4
Sous-sol de 15 à 30.		422 Ct. S.	190 C. S.	388	1,6
37. Sol de 0 à 25	—	105 C. S.	81 C. S.	814	3,7
Sous-sol de 25 à 50		57 C.	61 C.	882	2,0
55. Sol de 0 à 30.......	Beue Rhedia.	219 C. Sx.	63 C. Sx.	718	7,2
58. Sol de 0 à 50.......	Ouricia.	22 Ct. Sx.	16 C. Sx.	962	4,4
59. Sol de 0 à 35......	—	326 Cc. Ct. Sx.	62 C. S.	612	5,8
60. Sol de 0 à 40......	—	108 Cc. Ct. Sx.	53 C.	839	5,2
62. Sol de 0 à 40......	—	162 Cc. Ct Sx	110 C. S. (rares)	728	5,5
63. Sol de 0 à 60.	—	157 Ct. Sx.	72 C. S. id.	771	4,6
64. Sol de 0 à 40......	—	150 Ct. Sx.	61 C. S. id.	789	6,0
67. Sol de 0 à 40......	—	84 Ct. Sx.	38 C. S.	878	5,4

Abréviations : C. calcaires, Cc. calcaires compacts, Ct. calcaires tuffeux, G. gréseux, S. siliceux, Sx. silex.

Analyse physique de la terre fine sèche

Numéros des échantillons	Sable grossier			Sable fin			Argile	Humus
	calcaire	non calc.	total	calcaire	non calc.	total		
15. Sol	310	55	365	231	215	446	184	5
16. Sol	214	169	383	316	120	436	170	11
17. Sol	96	200	296	93	183	276	420	8
Sous-sol	18	188	206	99	148	247	544	3
18. Sol	110	256	296	148	165	313	314	7
Sous-sol	52	188	240	122	154	276	481	3
19. Sol	32	204	236	118	166	284	473	7
20. Sol	27	226	253	54	258	312	430	5
Sous-sol	9	186	195	45	205	250	551	4
23. Sol	270	77	347	319	177	496	152	5
Sous-sol	271	53	324	368	140	508	161	7
24. Sol	187	183	370	193	174	367	253	10
25. Sol	212	71	283	386	113	499	214	4
Sous-sol	227	46	273	493	124	617	108	2
26. Sol	224	136	360	366	178	544	89	7
Sous-sol	149	97	246	371	227	598	149	7
27. Sol	122	174	296	202	145	347	348	9
34. Sol	115	136	251	204	480	684	58	7
Sous-sol	106	92	198	148	419	567	227	8
35. Sol	135	281	416	462	64	526	48	10
Sous-sol	414	104	518	307	146	453	24	5
36. Sol	462	137	599	206	141	347	43	11
Sous-sol	543	100	643	262	71	333	20	4
37. Sol	400	171	571	250	124	374	44	11
Sous-sol	392	121	513	350	93	443	39	5
55. Sol	130	127	257	230	361	591	137	15
58. Sol	80	22	102	488	258	746	151	1
59. Sol	163	64	227	283	335	618	146	9
60. Sol	177	46	223	408	234	642	125	10
62. Sol	210	64	274	304	310	614	99	13
63. Sol	110	61	171	411	311	722	103	4
64. Sol	143	45	188	318	334	652	149	11
67. Sol	106	113	219	407	282	689	83	9

Analyse chimique de la terre fine sèche

Numéros des échantillons	Calcaire total	Azote	Acide phosphorique	Potasse	Magnésie	Chaux (1)
	‰	‰	‰	‰	‰	‰
15. Sol de 0 à 15	540	1,6	2,2	2,7	1,4	312
16. Sol de 0 à 15	530	1,7	1,9	3,0	3,2	298
17. Sol	189	1,9	1,4	3,6	2,8	106
Sous-sol	117	1,3	0,80	4.2	3,0	63
18. Sol	258	1,6	1,5	3,1	2,5	144
Sous-sol	174	1,4	1,0	3,1	2,2	92
19. Sol	150	1,9	1,1	3,4	1,7	84
20. Sol	81	1,8	1,2	2,9	2,6	45
Sous-sol	54	1,3	1,0	2.6	1,7	30
23. Sol	589	0,7	6,2	0,96	1,3	330
Sous-sol	639	0,44	5,2	1,1	1,3	358
24. Sol	380	1,9	2,0	2,8	1,4	213
25. Sol	598	1,0	5,3	0,84	1,4	337
Sous-sol	720	0,38	2,6	0,97	1,9	403
26. Sol	590	1,5	1,6	1,7	1,6	330
Sous-sol	520	1,2	1.8	1,6	0,84	291
27. Sol	324	1,9	1,3	2,6	2,4	181
34. Sol (limite de e.)	319	3,3	5,4	2,7	1,2	173
Sous-sol	254	1,7	4,7	2,4	1.2	142
35. Sol	597	1,8	7,0	2,0	1,6	334
Sous-sol	700	0,85	12,3	0,77	0,97	392
36. Sol	668	2.0	4,5	2,1	0,91	374
Sous-sol	805	0,57	6,1	0,62	1,0	450
37. Sol	650	1,1	4,1	1.4	1,3	364
Sous-sol	742	0.43	3,1	1,1	1,1	415
55. Sol de 0 à 30	360	2,0	1,5	1,8	2,7	202
58. Sol de 0 à 50	568	0,63	1,4	1,5	2,7	328
59. Sol de 0 à 35	446	1,7	1.4	1,7	2,3	250
60. Sol de 0 à 40	585	1,3	1,5	1,4	1,2	328
62. Sol de 0 à 30	314	1,4	1.3	1,8	0,50	288
63. Sol de 0 à 30	520	1,2	2,6	2,3	1,3	292
64. Sol de 0 à 40	461	2,0	2,5	1,8	3.1	258
67. Sol de 0 à 40	531	1,9	2,4	1,9	1,2	298

(1) Du calcaire.

Analyse chimique de la terre complète sèche

Numéros des échantillons	Calcaire total	Azote	Acide phosphorique	Potasse	Magnésie	Chaux (1)
	‰	‰	‰	‰	‰	‰
15. Sol	326	0,95	1,3	1,6	0,86	183
16. Sol	300	0,9	1,1	1,7	1,8	168
17. Sol	162	1,6	1.2	3,1	2,4	91
Sous-sol	111	1,3	0,75	4,0	2,8	62
18. Sol	214	1,3	1,2	2,6	2,1	200
Sous-sol	167	1,3	0,99	2,9	2.1	94
19. Sol	126	1,6	0,90	2,9	1,5	71
20. Sol	71	1,6	1,0	2,5	2,3	40
Sous-sol	48	1,3	0.91	2,3	1,5	27
23. Sol	541	0.67	5.7	0,88	1,2	303
Sous-sol	607	0,42	4,9	1,0	1,2	340
24. Sol	252	1,3	1,4	1,9	0,96	142
25. Sol	559	0,95	4,9	0,79	1,3	313
Sous-sol	672	0,35	2,4	0,91	1,8	376
26. Sol	485	1,2	1,3	1,4	1.3	272
Sous-sol	474	1,1	1,6	1,4	0.76	265
27. Sol	202	1,2	0,85	1,6	1.5	113
34. Sol	225	2,3	3,8	1,9	0,88	126
Sous-sol	154	1.0	2,9	1,4	0,72	86
35. Sol	443	1.3	5,2	1.5	1,2	248
Sous-sol	324	0,37	5,4	0.33	0,42	181
36. Sol	475	1.4	3,2	1,5	0,65	266
Sous-sol	312	0.26	2,7	0,28	0.45	175
37. Sol	590	0.86	3,1	1.1	0,96	330
Sous-sol	634	0,37	2,6	0,94	0,94	355
55. Sol	239	1,3	1,0	1,2	1,8	134
58. Sol	520	0,58	1,3	1,4	2,5	292
59. Sol	254	0.97	0.8	0,97	1,3	142
60. Sol	465	1,0	1,2	1,1	0,95	261
62. Sol	354	0,96	0,9	1,3	0,34	198
63. Sol	382	0,88	1,9	1,7	0,95	214
64. Sol	341	1,5	1,8	1,3	2,2	191
67. Sol	424	1,6	2,0	1,6	1,0	237

(1) Du calcaire.

Analyse mécanique

Numéros et origine des échantillons	Cailloux	Graviers	Terre fine	Humidité de la terre fine
74. Sol de 0 à 40...... El Ouricia	134 Cc. Sx.	63 C. S.	803	7,0
76. Sol de 0 à 40...... —	58 Ct. Sx.	22 C. S.	920	7,6
77. Sol de 0 à 15...... —	18 C. S.	18 C. S.	964	5,6
78. Sol de 0 à 40..... Ougrina	59 Ct. Sx.	45 Ct.	896	6,0
81. Sol de 0 à 40...... —	2 Sx.	0	998	11.8
82. Sol de 0 à 40...... —	16 Ct. Sx.	27 Ct.	957	8,2
86. Sol de 0 à 35...... Hamma	148 Ct. Sx.	100 Ct.	752	4,0
87. Sol de 0 à 30...... —	82 Ct. Sx.	70 Ct.	848	4,0
101. Sol de 0 à 30...... Aïn Arnat	77 Sx. Cc.	140 Sx. Cc.	883	8,4
Sous-sol de 30 à 40.	205 —	158 —	819	7,0
102. Sol de 0 à 20...... —	52 Cc. Sx.	99 C. Sx.	859	10,0
Sous-sol de 20 à 30.	220 —	124 —	656	7,6
102bis Sol de 0 à 20...... —	88 —	129 —	783	8,4
Sous-sol de 20 à 30.	115 —	107 —	778	14,8
103. Sol de 0 à 25...... —	21 Ct. Sx.	20 Ct. Sx.	959	10,3
Sous-sol de 25 à 40.	3 —	21 —	976	13,3
104. Sol de 0 à 25...... —	12 Cc Sx.	14 Cc. Sx.	974	7,0
Sous-sol de 25 à 35.	0	2 —	998	7,2
105. Sol de 0 à 25......, —	20 Cc. Sx.	39 Cc. Sx.	941	8,3
Sous-sol de 25 à 40.	0	47 —	953	9,0
106. Sol de 0 à 20...... Aïn Messaoud	105 Sx. C.	55 Sx. Cc.	840	7,0
Sous-sol de 20 à 40.	32 —	45 —	923	11,8
108. Sol de 0 à 15...... Aïn Arnat	92 Ct. Sx.	20 Ct. Sx.	888	7,6
Sous-sol de 15 à 30.	74 —	45 —	881	15,4
109. Sol de 0 à 25...... —	36 Ct. Sx.	22 Ct. Sx.	942	8,6
Sous-sol de 25 à 40.	24 —	27 —	949	15,2
115. Sol de 0 à 30...... Aïn Sfia	34 Ct. Sx.	28 Ct. Sx.	938	7,1
Sous-sol de 30 à 50.	6 Ct.	17 Ct.	977	10,9
116. Sol de 0 à 20 ..... —	146 Ct. Sx.	73 Ct. Sx.	781	4,4
118. Sol de 0 à 25...... —	18 Ct.	19 Ct.	963	5,7
Sous-sol de 25 à 50. —	27 Ct.	39 Ct.	934	6,9
119. Sol de 0 à 30...... —	76 Sx.	28 Sx.	896	5,1
120. Sol de 0 à 30..... —	88 Cc. Ct. Sx.	43 Ct. Sx.	869	4,4
Sous-sol de 30 à 50. —	19 Ct. Sx.	35 Ct. Sx.	946	5,2
121. Sol de 0 à 24 ..... —	56 Sx. Ct.	50 Sx. Ct.	894	6.4
Sous-sol de 25 à 50. —	4	10	986	5,6

Abréviations : C. calcaire, Cc. calcaire compact, Ct. calcaire tuffeux, S. siliceux, Sx. silex.

Analyse physique de la terre fine sèche

Numéros des échantillons	Sable grossier			Sable fin			Argile	Humus
	calcaire	non calc.	total	calcaire	non calc.	total	—	—
74. Sol	96	136	232	128	472	600	147	21
76. Sol	76	101	177	228	407	635	175	13
77. Sol	109	47	156	370	340	710	128	6
78. Sol	155	122	277	344	237	581	138	4
81. Sol	24	101	125	83	478	561	289	25
82. Sol	108	60	168	403	275	678	146	8
86. Sol	251	158	409	336	178	514	71	6
87. Sol	163	126	289	380	232	612	94	5
101. Sol	189	124	313	360	148	508	168	11
Sous-sol	207	93	300	424	184	608	86	6
102. Sol	125	163	288	226	141	367	320	25
Sous-sol	112	102	214	452	103	555	218	13
102bis Sol	94	153	247	300	150	450	288	15
Sous-sol	120	110	230	470	85	555	188	27
103. Sol	21	162	183	49	186	235	568	14
Sous-sol	14	153	167	50	185	235	579	19
104. Sol	86	94	180	377	108	485	317	18
Sous-sol	71	71	142	318	127	445	409	4
105. Sol	65	170	235	209	166	375	377	13
Sous-sol	75	108	183	409	121	530	277	10
106. Sol	50	265	315	112	451	563	110	12
Sous-sol	28	215	243	172	402	574	171	12
108. Sol	43	166	209	157	452	609	168	14
Sous-sol	42	151	203	158	450	608	174	15
109. Sol	5	165	170	319	137	456	362	12
Sous-sol	20	61	81	115	282	397	502	20
115. Sol	58	130	188	230	143	373	426	13
Sous-sol	49	101	150	239	152	391	449	10
116. Sol	186	130	316	354	108	462	212	10
118. Sol	90	99	189	360	132	492	313	6
Sous-sol	87	85	172	373	128	501	319	8
119. Sol	110	171	281	170	152	322	389	8
120. Sol	148	124	272	232	141	473	246	9
Sous-sol	84	44	128	456	115	571	296	5
121. Sol	103	160	263	212	148	360	365	12
Sous-sol	129	83	212	456	62	518	259	11

Analyse chimique de la terre fine sèche

Numéros des échantillons	Calcaire total	Azote	Acide phosphorique	Potasse	Magnésie	Chaux (1)
	‰	‰	‰	‰	‰	‰
74. Sol................	224	2,6	7,3	4,1	0,46	125
76. Sol................	304	1,9	5,4	2,2	0,78	170
77. Sol................	479	1,7	5,8	1,8	1,1	268
78. Sol................	499	0,92	4.8	1,3	0,76	289
81. Sol................	107	2.1	5 7	2.7	0,85	60
82. Sol................	511	1,5	4.9	2,0	0,63	286
86. Sol................	587	1.0	1,6	2,5	0,38	329
87. Sol................	543	0,91	1,0	2,4	0,19	304
101. Sol................	499	1,5	1,6	2,0	2,2	279
Sous-sol..........	632	1.1	1,6	1,5	3,9	354
102. Sol................	351	2,1	1,7	2,3	1,4	196
Sous-sol	564	1,8	1,9	1,8	0,78	326
102bis Sol................	394	2,1	1,6	2,8	2,0	220
Sous-sol..........	588	1,8	2,0	2,1	1,5	329
103. Sol................	70	1,9	1,1	3,7	2,3	39
Sous-sol.......	65	1,6	1,1	3,6	2,5	36
104. Sol................	463	0,48	2,4	3,3	3,0	259
Sous-sol....	388	0,30	2,4	3,6	4,5	217
105. Sol................	273	1,5	2,0	2,7	2,9	156
Sous-sol	484	0,96	2,0	1,9	2,4	271
106. Sol.....	162	1,6	1,9	3,3	2,3	83
Sous-sol..........	200	1,4	1,5	3,9	2,9	112
108. Sol................	200	1,6	1,1	2,5	3,5	112
Sous-sol.....	200	1,6	1,1	2,6	2,0	112
109. Sol................	305	1,6	1,3	1,4	1,2	171
Sous-sol...	520	0,95	1,0	2,6	2,8	291
115. Sol	288	1,0	1,5	2,6	1,9	163
Sous-sol..........	288	0,86	1,45	2,1	1,8	163
116. Sol................	540	1,4	1,4	1,4	1,9	302
118. Sol................	450	0,8	1,1	1,0	2,0	252
Sous-sol....	460	0,5	1,1	1,4	2,0	258
119. Sol................	280	1,3	2,1	2,4	2,0	157
120. Sol	480	1,4	2,4	1,7	2,3	269
Sous-sol..........	540	0,28	2,6	1,6	3.0	302
121. Sol................	315	1,4	1,8	2,4	2,4	176
Sous-sol..........	585	1,3	1,6	0,90	2,6	328

(1) Chaux du calcaire.

Analyse chimique de la terre complète sèche

Numéros des échantillons	Calcaire total	Azote	Acide phosphorique	Potasse	Magnésie	Chaux (1)
	‰	‰	‰	‰	‰	‰
74. Sol............ ...	167	1,9	5,4	3,0	0,34	85
76. Sol..............	258	1,6	4,6	1,9	0,66	144
77. Sol.............	436	1,5	5,3	1,7	1.0	244
78. Sol.	443	0,81	4,4	1,15	0,64	248
81. Sol.............	94	2,8	5.0	2,4	0,75	53
82. Sol.............	449	1,3	4,3	1,8	0,55	251
86. Sol.............	424	0,72	1,1	1,8	0,27	237
87. Sol.............	436	0,73	0,8	1,9	0,15	244
101. Sol.............	452	1,3	1,4	1,7	1,9	253
Sous-sol..........	392	0,67	1,0	0,91	2,4	220
102. Sol....	297	1,8	1,4	1,9	1,2	168
Sous-sol..........	355	1,1	1,2	1,1	0,50	199
102*bis* Sol.............	303	1,6	1,2	2,2	1,5	170
Sous-sol..........	441	1,3	1,5	1,6	1,1	247
103. Sol.......... ..	67	1.8	1,0	3,5	2,2	37
Sous-sol......	63	1,6	1,1	3,5	2,4	35
104. Sol.	445	0,46	2,3	3,2	2,9	253
Sous-sol......	388	0,30	2,4	3,6	4,8	217
105. Sol	256	1,4	1,9	2,5	3,1	149
Sous-sol..........	460	0.91	1,9	1,8	2.3	258
106. Sol.............	134	1,3	1,6	4,1	2,8	75
Sous-sol......... ..	179	1,2	1,3	3,9	2,6	100
108. Sol	197	1,6	1,1	2,5	3,5	110
Sous-sol......	181	1,5	1,0	2,4	2,0	101
109. Sol	286	1,5	1,2	1,4	1,3	160
Sous-sol..........	494	0,90	0,95	2,5	2.7	286
115. Sol.............	268	0,93	1,4	2,4	1,8	150
Sous-sol..........	281	0.84	1.4	2,0	1,7	157
116. Sol.............	418	1,1	1,1	1,1	1,5	234
118. Sol............. ...	431	0,76	1.0	0,98	1,9	241
Sous-sol	428	0,46	1,0	1,3	1,9	239
119. Sol....	249	1,2	2,1	2,1	1,8	139
120. Sol.............	414	1,2	2,1	1,5	2,0	231
Sous-sol..........	509	0,26	2,4	1,6	2,8	385
121. Sol..........	280	1,2	1,6	2,1	2,1	157
Sous-sol..........	577	1,2	1,6	0,89	2,5	323

(1) Du calcaire.

Analyse mécanique

Numéros et origine des échantillons	Cailloux	Graviers	Terre fine	Humidité de la terre fine
130. Sol de 0 à 15... Temlouka	99 Cc. Sx.	34 Cc. Ct. Sx.	867	7,0
Sous-sol de 15 à 30.	55 Cc. Ct. Sx.	27 —	918	6,0
131. Sol de 0 à 15..... —	108 Cc. Ct. Sx.	33 —	859	7,0
Sous-sol de 15 à 30.	50 —	27 —	923	8,0
132. Sol de 0 à 25.... —	216 —	50 Ct. Sx.	734	4,4
133. Sol de 0 à 17..... —	202 Ct. Sx.	84 Ct. Sx.	794	5,4
134. Sol de 0 à 20..... —	255 Cc. Ct. Sx.	62 Cc. Ct. Sx.	683	4,8
135. Sol de 0 à 25..... —	88 Ct. Sx.	33 Ct. Sx.	879	5,0
143. Sol de 0 à 15... Meslough	144 Cc. Sx.	64 Cc.	792	2,6
144. Sol de 0 à 15... —	148 Ct. Sx.	23 Ct.	829	2,2
145. Sol de 0 à 15... Aïn Malah				
146. Sol de 0 à 15... —				
147. Sol de 0 à 15 .. —				
148. Sol de 0 à 15... —				

(Ces échantillons avaient été prélevés autrefois dans un autre but, l'analyse mécanique n'avait pas été faite).

Analyse physique de la terre fine sèche

Numéros des échantillons	Sable grossier			Sable fin			Argile	Humus
	calcaire	non calc.	total	calcaire	non calc	total		
130. Sol	106	271	377	184	137	321	292	10
Sous-sol	64	247	311	196	152	348	329	12
131. Sol	80	228	308	235	150	385	296	11
Sous-sol	81	183	264	319	132	451	276	9
132. Sol	130	262	392	185	142	327	267	14
133. Sol	220	197	417	320	104	425	149	9
134. Sol	144	238	382	206	152	358	246	14
135. Sol	66	254	320	119	242	361	305	14
143. Sol	72	436	508	88	150	238	244	10
144. Sol	48	468	516	87	144	231	243	10
145. Sol	146	292	438	135	199	334	220	8
146. Sol	66	364	430	90	213	303	260	7
147. Sol	32	335	367	76	213	289	339	5
148. Sol	132	292	424	152	211	363	205	8

Analyse chimique de la terre fine sèche

Numéros des échantillons	Calcaire total	Azote	Acide phosphorique	Potasse	Magnésie	Chaux (1)
	%o	%o	%o	%o	%o	%o
130. Sol	290	1,6	1,7	3,7	3.8	622
Sous-sol	260	1.5	1,7	3,0	3,6	146
131. Sol	315	1,8	1.6	3,2	3.0	176
Sous-sol	400	1,5	1,6	2,2	2,4	224
132. Sol	315	1,8	1,6	4,1	3,0	176
133 Sol	540	1,5	1.3	2,4	2,6	302
134. Sol	350	2,1	1.3	2,9	2.9	196
135. Sol	185	1.7	1.4	3,5	2,2	104
143. Sol	160	1,3	1,5	3,3	2,9	90
144. Sol	135	1,5	1,5	3,0	3,2	75
145. Sol	281	2,3	1,6	4,4	6 9	157
146. Sol	156	2,0	1,0	3,5	1,1	87
147. Sol	108	1,6	1,0	4,2	9,0	60
148. Sol	284	2,3	1,5	5,0	1.2	159

Analyse chimique de la terre complète sèche

Numéros des échantillons	Calcaire total	Azote	Acide phosphorique	Potasse	Magnésie	Chaux (1)
	%o	%o	%o	%o	%o	%o
130. Sol	249	1,4	1.5	1,2	3,3	139
Sous-sol	238	1,4	1,6	2,7	3,3	133
131. Sol	264	1,5	1.3	2,7	2,5	148
Sous-sol	368	1.4	1,5	2,0	2,2	200
132 Sol	237	1,3	1,2	3,0	2,2	136
133. Sol	424	1,2	1,0	1,8	2,0	238
134. Sol	236	1,4	0,88	2,0	2,0	132
135. Sol	162	1,5	1,2	3,0	1,9	91
143. Sol	126	1,0	1,2	2,6	2,3	71
144. Sol	111	1,2	1,2	2,5	2.6	62

Elle est constituée, comme on l'a vu plus haut, par des limons argilo-sablonneux, plus ou moins caillouteux, de couleur rouge plus ou moins foncée. L'épaisseur de la couche de terre arable est très variable, elle atteint quelquefois un mètre, mais le plus souvent elle est beaucoup plus réduite. Le sous-sol est généralement constitué par une couche tuffeuse plus ou moins épaisse, très souvent

---

(1) Du calcaire.

on trouve au-dessous de cette couche tuffeuse une nouvelle couche de terre que les racines des plantes, arrêtées par le tuf, ne peuvent atteindre.

Il est facile de se rendre compte du mode de formation de cette couche tuffeuse, qui n'est pas spéciale à cette assise géologique ; elle est la caractéristique de tous les sols argilo-calcaires des régions sèches [1] : sous l'action de l'évaporation intense produite par la chaleur solaire, les eaux du sous-sol remontent, par capillarité, vers la surface où elles abandonnent les sels et particulièrement le carbonate de chaux qu'elles tiennent en dissolution ; si le sol n'est pas travaillé il se formera peu à peu à la surface une véritable croûte calcaire. Si le sol est travaillé la remontée de l'eau s'arrêtera à la surface de séparation du sous-sol et du sol ameubli à travers lequel les actions capillaires ne peuvent plus s'exercer, c'est là que se formera la croûte calcaire. On conçoit que les labours profonds doivent retarder la formation de cette couche tuffeuse, le sol ameubli formant un écran qui restreint d'autant plus l'évaporation qu'il est plus épais. C'est parce qu'autrefois les Arabes ne grattaient le sol que tout à fait superficiellement qu'on trouve, en beaucoup de points, cette carapace calcaire à une profondeur de 15 à 20 centimètres seulement. Elle est quelquefois assez friable pour pouvoir être soulevée par la charrue. Ramenée à la surface elle se délite alors assez facilement, et sa destruction permet aux racines des plantes de pénétrer dans le sous-sol, d'utiliser non seulement les réserves alimentaires qu'il contient, mais aussi les réserves d'humidité qu'il avait faites et qui restaient inutilisées avant sa destruction. Si le lit de limon repose sur un lit de galets ou de graviers, ceux-ci seront plus ou moins cimentés par la croûte calcaire ; sa destruction en devient alors plus difficile, elle ne serait d'ailleurs d'aucune utilité.

Par suite de l'étendue considérable de cette formation on y a prélevé un grand nombre d'échantillons de façon à faire porter notre étude sur tous les types de terres qu'on peut y rencontrer.

Comme on doit s'y attendre, dans une formation géologique de cette sorte (terrains de transport), la constitution physique de ces terres sera très variable.

Quelques-unes sont sablonneuses (35, 36, 37, par exemple), mais le plus souvent ce sont les éléments fins (sables fins et argiles) qui sont en grand excès. Ce sont là comme on le sait les meilleures conditions pour permettre au sol, convenablement préparé, de faire des réserves importantes d'humidité, pourvu qu'il soit profond. Malheureusement, comme on vient de le voir, cette condition est rarement réalisée.

------

(1) Sur certaines cartes géologiques de la région avoisinante (Aïn-Tagrout, Saint-Arnaud) elle est désignée : « carapace calcaire des plateaux ». Elle est aussi connue sous le nom de « croûte désertique ».

Les terres sablonneuses sont généralement jaunâtres, les autres sont rouges et la teinte semble d'autant plus intense que la proportion d'argile est plus grande (16, 17, 103, 115, par exemple). Au Nord cependant, grâce au climat plus humide, la proportion d'humus est quelquefois assez élevée pour leur communiquer une teinte noire (60, 62, 74, 76, d'El Ouricia et 81 d'Ougrina).

Selon que la couche tuffeuse est plus ou moins voisine de la surface, et qu'elle est plus ou moins friable, les terres seront plus ou moins calcaires : la proportion de calcaire dans l'ensemble des sables grossiers et fins dépasse quelquefois 50 % du poids de la terre (35, 36, 37, 86, 103, sont dans ce cas). Dans ces parties très calcaires la couche de terre végétale, n'ayant généralement que peu d'épaisseur, se dessèche très rapidement de sorte que par suite de l'excès de calcaire et du manque d'eau les récoltes y sont toujours très maigres.

Sauf au Nord et au voisinage d'Aïn El Arnat l'humus n'y existe généralement qu'en petite quantité. Cela n'a rien de surprenant d'ailleurs car les labours préparatoires, aérant fortement le sol pendant la période sèche, facilitent grandement la combustion de la matière organique.

Naturellement les terres qui contiennent beaucoup d'humus sont aussi riches en azote. Cependant, malgré la pauvreté générale en humus, la teneur en azote de ces terres est presque toujours supérieure à l'unité ; il n'y en a que 8 sur l'ensemble dont la teneur en azote soit notablement inférieure à 1, ce sont :

		Azote	Calcaire total
		‰	‰
23.	Sol	0,67	541
	Sous-sol	0,42	607
25.	Sol	0,95	559
	Sous-sol	0.35	672
58.	Sol	0,58	568
86.	Sol	0,72	424
87.	Sol	0,73	436
104	Sol	0,46	445
	Sous-sol	0,30	388
118.	Sol	0,76	431
	Sous-sol	0,46	428
120.	Sol	1,2	414
	Sous-sol	0,26	509

et on voit, par la proportion du calcaire total, qu'on se trouve en présence de sols très tuffeux, peu épais, par conséquent où la disparition des matières organiques doit être très rapide.

Dans toutes les autres la teneur en azote de la terre complète est plus grande que l'unité ; si on se bornait à appliquer strictement les règles ordinaires de l'agrologie on devrait les considérer comme suffisamment riches en azote ; certaines même, avec des teneurs voisines de 2 grammes par kilog., ou supérieures à ce chiffre, devraient être considérées comme très riches.

Mais la pauvreté relative en humus (sauf pour les terres du Nord) montre que cet azote doit être difficilement assimilable. On sait en effet que les matières organiques, sous l'influence de réactions chimiques ou microbiennes, se décomposent dans le sol, d'autant plus rapidement qu'il est plus aéré et que la température est plus élevée.

Les matières organiques qui constituent l'humus (ou qui entrent dans la composition du fumier, ou des débris de récoltes, créateurs d'humus) sont très complexes et résistent plus ou moins aux actions chimiques ou microbiennes. Ce ce sont évidemment les moins résistantes qui disparaissent les premières ; ce sont aussi celles qui se dégradent le plus facilement en composés plus simples : acide carbonique, eau, ammoniaque d'abord, puis acide nitrique, c'est-à-dire les plus facilement assimilables.

Dans ces sols, très rarement fumés au fumier de ferme, la pratique des labours de printemps, qui aère le sol pendant la période estivale où la température est très élevée, fait rapidement disparaître les matières organiques dont la décomposition est facile. Après un petit nombre d'années, celles qui restent peuvent être considérées comme étant très difficilement décomposables c'est-à-dire difficilement assimilables.

La teneur en acide phosphorique ne descend que très rarement au-dessous de 1 gramme par kilog. ; elle s'élève quelquefois jusqu'à 5 ou 6 grammes, mais le plus souvent elle est comprise entre 1 et 2 grammes par kilog. On peut donc dire que ces terres sont suffisamment riches en acide phosphorique, mais pour mobiliser cet acide phosphorique, pour permettre son assimilation, il faudrait que le sol contienne de l'humus actif, et nous venons de voir qu'il en est dépourvu. L'expérience montre d'ailleurs, comme nous le verrons plus loin, que ces sols sont sensibles à l'action des engrais phosphatés.

La potasse et la magnésie sont aussi presque toujours en proportion suffisante, plus de 2 grammes par kilog., sauf dans quelques sols très calcaires où la teneur en potasse est inférieure à l'unité (23, 25, par exemple). Quelques terres des environs d'El Ouricia, quoique pas très calcaires, ont une teneur inférieure à 2 grammes.

Comme l'humus ne joue qu'un rôle secondaire dans l'assimilation de la potasse on peut les considérer comme étant en général suffisamment riches ; l'expérience montre d'ailleurs que l'apport d'engrais potassique ne produit pas, en général, d'excédent de récolte.

p¹$_c$ Calcaire lacustre

Cette formation représente aussi la carapace calcaire dont nous avons indiqué plus haut l'origine. Dans les parties où cette carapace a pu être détruite la terre arable découverte appartient évidemment à la formation précédente. On y trouve, dans la terre fine, des teneurs élevées en tous les éléments fertilisants ; mais la présence d'une notable proportion de cailloux et de graviers, qui proviennent de la destruction de la carapace, abaisse beaucoup les teneurs de la terre complète ; pour l'azote et l'acide phosphorique ces teneurs sont voisines de l'unité, celles de la potasse et de la magnésie sont voisines de 2 grammes par kilog.

Analyse mécanique

Numéros et origine des échantillons	Cailloux	Graviers	Terre fine	Humidité de la terre fine
28. Sol de 0 à 15 M^{ta} el Dahamna.	258 Ct. Sx.	168 C.	574	6,2
29. Sol de 0 à 25. —	298 C. Sx.	62 C. Sx.	640	7,8
136. Sol de 0 à 30 Bir ben Braidji.	102 Ct. Sx.	70 Ct. Sx.	828	3,4
137. Sol de 0 à 30. —	122 Ct Sx.	37 —	841	2,5
138. Sol de 0 à 30 —	218 —	86 —	696	2,2

Analyse physique de la terre fine sèche

Numéros des échantillons	Sable grossier			Sable fin			Argile	Humus
	calcaire	non calc.	total	calcaire	non calc.	total		
28. Sol..............	235	155	390	264	152	416	182	12
29. Sol..............	285	231	516	74	371	445	31	8
136. Sol.............	125	377	402	225	140	365	221	12
137. Sol.............	118	200	318	402	97	399	175	8
138. Sol.............	190	202	392	296	110	406	190	12

Abréviations : Ct. calcaires terreux, Sx. Silex.

4

Analyse chimique de la terre fine sèche

Numéros des échantillons	Calcaire total	Azote	Acide phosphorique	Potasse	Magnésie	Chaux (1)
	%o	%o	%o	%o	%o	%o
28. Sol................	499	2,4	1,7	2,5	1,6	279
27. Sol................	359	2,3	1,8	3,1	2,0	201
136 Sol...............	350	1,7	1,6	3,4	2,9	196
137. Sol................	520	1,0	1,4	2,4	2,3	291
138. Sol...............	486	1,4	1,5	2,4	3,0	272

Analyse chimique de la terre complète sèche

Numéros des échantillons	Calcaire total	Azote	Acide phosphorique	Potasse	Magnésie	Chaux (1)
	%o	%o	%o	%o	%o	%o
28. Sol................	274	1,3	0,91	1,4	0,86	153
29. Sol................	218	1,4	1,1	1,8	1,2	124
136. Sol...............	288	1,4	1,3	2,8	2,9	161
137. Sol...............	435	0,84	1,2	2,0	1,9	244
138 Sol...............	272	0,97	1,0	1,7	2,1	152

Tout ce qu'on a dit au sujet de p^1_1 s'appliquera aussi aux sols de p^1_c.

---

(1) Chaux du calcaire.

q₁ Alluvions anciennes (terrasse supérieure)

Les alluvions anciennes du Bou-Sellam forment une terrasse un peu élevée au-dessus de la vallée actuelle.

Analyse mécanique

Numéros et origine des échantilons	Cailloux	Graviers	Terre fine	Humidité de la terre fine
5. Sol de 0 à 30....... El Bez.	43 Ct. Sx.	21 C. S.	936	8,6
Sous-sol de 30 à 40.	23 Ct. Sx.	12 C. S.	964	9,5
6. Sol de 0 à 30...... —	132 Ct. Sx.	70 C. S.	798	8,1
Sous-sol de 30 à 60.	163 Ct. Sx.	92 C. S.	745	4,4
7. Sol de 0 à 20...... —	104 Ct. Sx.	42 C.	854	8,3
Sous-sol de 20 à 50.	6 Ct. Sx.	15 C.	979	4,1
8. Sol de 0 à 40...... —	34 C. Sx.	20 C. Sx.	946	8,2
9. Sol de 0 à 25...... —	87 Ct. Sx.	24 C. Sx.	989	8,5
Sous-sol de 20 à 50.	9 C. Sx.	11 C. Sx.	980	9,7
10. Sol de 0 à 25...... —	119 Ct. Sx.	20 C. Sx.	860	9,1
Sous-sol de 25 à 50.	8 C. Sx.	8 C. Sx.	984	10,9
30. Sol de 0 à 30...... —	52 C. S.	21 C. S.	927	9,0
Sous-sol de 30 à 60.	22 C. S.	20 C. S.	958	9,4
31. Sol de 0 à 30...... —	91 C. Sx.	30 C. S.	879	10,4
Sous-sol de 30 à 60.	55 C. Sx.	25 C.	920	11.0

Analyse physique de la terre fine sèche

Numéros des échantillons	Sable grossier			Sable fin			Argile	Humus
	calcaire	non calc.	total	calcaire	non calc.	total		
5. Sol............	73	145	218	151	210	361	415	6
Sous-sol...........	47	116	163	160	184	344	487	6
6. Sol............	229	98	327	362	93	455	204	13
Sous-sol...........	292	113	405	354	85	439	149	7
7. Sol............	133	100	233	304	164	468	287	12
Sous-sol...........	33	34	67	607	118	725	202	6
8. Sol............	3	75	78	166	262	428	488	6
9 Sol............	1	77	78	142	278	420	496	6
Sous-sol...........	4	62	66	149	258	407	520	7
10. Sol............	2	102	104	61	302	363	527	6
Sous-sol...........	12	116	128	40	253	293	575	3
30. Sol............	65	146	211	136	348	484	299	6
Sous-sol...........	53	144	197	160	374	534	266	3
31. Sol............	79	151	230	173	402	575	189	6
Sous-sol...........	68	132	200	187	342	529	265	6

Abréviations : C. calcaires, Cc. calcaires compacts, Ct. calcaires tuffeux, S. siliceux, Sx. silex.

Analyse chimique de la terre fine sèche

Numéros des échantillons	Calcaire total	Azote	Acide phosphorique	Potasse	Magnésie	Chaux (1)
	‰	‰	‰	‰	‰	‰
5. Sol	224	1,8	1,7	4.6	7,9	125
Sous-sol	207	1,7	0,4	3,9	3,7	116
6. Sol	591	1,2	1,2	2,0	3,0	331
Sous-sol	646	0,8	0.4	1,8	1,1	361
7. Sol	437	2,2	2,3	3,7	6.6	245
Sous-sol	640	0,9	1,2	1,6	2,9	358
8. Sol	169	1,3	0,9	4,0	4,9	95
9. Sol	143	1,5	1,0	4,0	4,0	80
Sous-sol	153	1,2	0 8	3,5	3,2	86
10. Sol	63	1,4	1,1	3,7	4,3	35
Sous-sol	52	1,3	0,9	3,1	2.7	29
30. Sol	201	1,5	0,49	1,4	4,3	113
Sous-sol	213	1,3	0,34	2,9	4.2	119
31. Sol	252	1,8	0,88	2,9	3,2	141
Sous-sol	254	1,6	0,67	2.1	4,1	142

Analyse chimique de la terre complète sèche

Numéros des échantillons	Calcaire total	Azote	Acide phosphorique	Potasse	Magnésie	Chaux (1)
	‰	‰	‰	‰	‰	‰
5. Sol	212	1,7	1,6	4,3	7,4	119
Sous-sol	199	1,6	0,4	3,7	3,6	116
6. Sol	472	1,0	0,9	1,6	2,4	331
Sous-sol	482	0,6	0,3	1,3	0,9	362
7. Sol	373	1,9	2,0	3,2	5,6	245
Sous-sol	628	0,9	1,1	1,5	2.8	359
8. Sol	160	1,2	0,9	3,8	4,6	90
9. Sol	127	1,3	0,9	3,5	3,5	71
Sous-sol	150	1,2	0,8	3,4	3,2	84
10. Sol	54	1,2	1,0	3,2	3,7	35
Sous-sol	51	1,3	0,9	3,0	2,7	29
30. Sol	184	1,4	0,45	1,2	3,9	103
Sous-sol	203	1,3	0,32	2,8	4,0	115
31. Sol	216	1,6	0,76	2,5	2,7	121
Sous-sol	230	1,4	0,60	1,9	3,7	129

(1) Chaux du calcaire.

Ces terres sont généralement peu caillouteuses. Comme pour p^1, l'évaporation superficielle tend à former une croûte tuffeuse au voisinage de la surface, sa destruction par la charrue peut alors introduire dans le sol de fortes proportions de calcaire comme dans les échantillons n°s 6 et 7. Mais ce phénomène se rencontre plus rarement que dans p^1, cela tient certainement à ce que ces terres sont en général plus argileuses, plus riches aussi en sables fins et que par suite les mouvements de l'eau y sont plus lents.

Grâce à cette constitution elles peuvent faire des réserves importantes d'humidité et lorsqu'elles sont profondes elles constituent de très bonnes terres de dry-farming.

Les cailloux étant généralement peu abondants la composition chimique de la terre complète ne diffère pas beaucoup de celle de la terre fine.

La richesse en azote est rarement inférieure à l'unité.

L'acide phosphorique ne s'y rencontre, en général, qu'en proportion relativement faible : de 0,45 à 1,0 % dans le sol, et de 0,3 à 0,9 % dans le sous-sol ; sauf dans les échantillons 5 et 7 où la teneur s'élève à 1,6 et 2,0 % dans le sol. La présence, au voisinage de ces points de prélèvement, de vestiges de l'occupation romaine expliquerait, peut-être, cet enrichissement local.

La potasse et la magnésie y sont, au contraire, assez uniformément réparties et toujours en proportion notable, sauf dans les parties tuffeuses (échantillon 6). Lorsque le sous-sol est tuffeux il est aussi moins riche en potasse (ainsi qu'en acide phosphorique) que le sol (échantillons 5 et 7).

q¹ Alluvions anciennes des vallées (terrasse inférieure)

Ces alluvions, de formation plus récente que les précédentes, se trouvent non seulement dans la vallée du Bou-Sellam, mais aussi dans les vallées des ruisseaux qui descendent de la région montagneuse du Nord ; au Sud de Meslough elles couvrent une superficie assez importante.

Analyse mécanique

Numéros et origine des échantillons		Cailloux	Graviers	Terre fine	Humidité de la terre fine
11. Sol de 0 à 30.......	El Bez.	51 Ct. Sx.	33 C. S.	916	8,3
Sous-sol de 30 à 50.		25 Ct. Sx.	51 C.	924	8,4
12. Sol de 0 à 15.......	—	162 C. G. Sx.	57 C. S.	781	6,8
Sous-sol de 15 à 55.		44 C. Sx.	40 C.	916	2,5
13 Sol de 0 à 30.......	—	56 Sx. C.	10 S. C.	934	11,2
Sous-sol de 30 à 60.		38 Sx. C.	24 S. C.	938	11,7
52 Sol de 0 à 35.......	El Anasser.	76 C. Sx.	62 C. S.	862	6,9
53. Sol de 0 à 30.......	—	26 Sx. G. Ct.	37 S. C.	937	10,5
57. Sol de 0 à 20.......	El Ouricia.	72 C. S.	37 S. C.	891	6,2
Sous-sol de 20 à 50.		10 C. S.	10 S. C.	980	8,0
75. Sol de 0 à 40.......	Oued Scinia.	72 G. Sx.	16 S. C.	912	9,0
92. Sol de 0 à 25.......	Ouled Gassem.	172 C. Sx.	71 S. C.	857	4,4
Sous-sol de 25 à 50.		400 C. Sx.	113 C. S.	487	5,8
93. Sol de 0 à 20.......	—	100 C. Sx.	51 C. S.	849	4,0
94. Sol de 0 à 25.......	—	20 Cc. Sx.	33 C. S.	947	2,6
Sous-sol de 25 à 50.		11 Cc. Sx.	32 C. S.	957	8,0
95. Sol de 0 à 20.......	—	134 C. Sx.	60 C. S.	806	4,0
139. Sol de 0 à 30.......	Meslough.	33 Sx. Ct.	27 Sx. Ct.	940	4,8
140. Sol de 0 à 20.......	—	226 Cc. Ct. Sx.	54 Cc. Ct. Sx.	720	2,4
141. Sol de 0 à 40.......	—	21 Cc. Sx.	10 Cc. Sx.	99	5,6
142. Sol de 0 à 40.......	—	0	12 C. Sx	988	6,0

Abréviations : C. calcaires, Cc. calcaires compacts, Ct. calcaires tuffeux, G. gréseux, S. siliceux, Sx. silex.

Analyse physique de la terre fine sèche

Numéros des échantillons	Sable grossier			Sable fin			Argile	Humus
	calcaire	non calc.	total	calcaire	non calc.	total		
11. Sol	74	153	227	172	197	369	396	8
Sous-sol	233	101	334	243	147	390	269	7
12. Sol	91	173	264	186	201	387	344	5
Sous-sol	465	176	641	102	140	242	116	1
13. Sol	8	139	147	23	291	314	525	14
Sous-sol	11	140	151	43	225	268	568	13
52. Sol	66	102	167	332	366	698	127	8
53. Sol	16	192	208	35	515	550	236	6
57. Sol	75	101	176	272	391	663	154	7
Sous-sol	57	110	167	198	410	608	215	10
75. Sol	4	195	199	1	548	549	241	11
92. Sol	120	218	338	237	292	529	126	7
Sous-sol	111	188	299	378	230	608	87	6
93. Sol	146	213	359	267	261	528	107	6
94. Sol	37	215	252	159	400	559	180	9
Sous-sol	35	235	270	172	380	552	169	9
95. Sol	152	222	374	328	219	547	71	8
139. Sol	47	237	284	156	184	337	368	11
140. Sol	80	253	333	226	144	370	287	10
141. Sol	36	186	222	164	200	364	402	12
142. Sol	22	184	206	168	178	346	433	15

Analyse chimique de la terre fine sèche

Numéros des échantillons	Calcaire total	Azote	Acide phosphorique	Potasse	Magnésie	Chaux (1
	‰	‰	‰	‰	‰	‰
11. Sol..............	246	1 5	1,5	3,9	0,8	138
Sous-sol..........	476	1,2	1,7	4,0	3,0	266
12. Sol..............	277	1,6	1,7	3,8	1,3	211
Sous-sol...........	567	0,52	2,6	1,0	1,3	318
13. Sol..............	31	1,6	0,8	3,9	1,4	17
Sous-sol..........	54	1,5	0,8	3,4	0,8	30
52. Sol...................	398	1,5	0,11	3,1	0,43	223
53. Sol.................	51	1,0	1,1	3,6	1,2	29
57. Sol..............	347	1,6	2,4	1,5	1,2	194
Sous-sol..........	255	1,6	1,4	2,0	1,4	143
75. Sol..............	5,5	1,9	2,7	2,2	0,6	3,4
92. Sol...............	358	1,1	4,5	3,6	0,09	200
Sous-sol	489	1,1	3,8	3,3	0,69	274
93. Sol............ ..	413	1,1	4,5	3,3	0,26	231
94. Sol..............	196	1,2	2,9	3,2	0,48	110
Sous-sol..........	207	1,0	2,6	3,7	0,20	116
95. Sol...	480	1,1	4,2	3,6	0,26	269
139. Sol..............	200	1,3	1,8	3,0	2,6	112
140. Sol..............	308	1,3	2,2	3,1	2,8	173
141. Sol..............	200	1.8	1,8	3,9	2,9	112
142. Sol..............	190	1,4	1,8	3,6	3,1	106

(1) Du calcaire

Analyse chimique de la terre complète sèche

Numéros des échantillons	Calcaire total	Azote	Acide phosphorique	Potasse	Magnésie	Chaux (1)
	‰	‰	‰	‰	‰	‰
11. Sol	226	1,4	1,4	3,6	0,74	126
Sous-sol	430	1,1	1,6	3,7	2,8	246
12. Sol	216	1,2	1,3	3,0	1,0	121
Sous-sol	534	0,48	2 4	0,9	1,2	299
13. Sol	29	1,5	0,7	3,6	1,3	16
Sous-sol	51	1,4	0,7	3,2	0,7	39
52. Sol	319	1,2	0,09	2,5	0,34	177
53. Sol	47	0,9	1,0	3,3	1,1	26
57. Sol	251	1,2	1,7	1,1	0,9	141
Sous-sol	239	1,4	1,3	1,8	1,3	138
75. Sol	4,5	1,6	2,2	1,8	0,5	2,5
92. Sol	283	0,9	3,2	2,9	0,07	158
Sous-sol	224	0,5	1,7	1,5	0,32	125
93. Sol	337	0,9	3,7	2,7	0,21	189
94. Sol	181	1,1	2,7	2,9	0 44	101
Sous-sol	182	0,88	2,3	3,3	0,18	102
95. Sol	371	0,85	3,2	2,8	0,20	208
139. Sol	187	1,2	1,7	2,8	2,4	105
140. Sol	220	0,94	1,6	2,2	2,0	126
141. Sol	194	1,7	1,7	3,8	2,8	109
142. Sol	187	1,4	1,8	3,6	3,1	105

(1) Du calcaire.

Par leur constitution mécanique et physique elles ressemblent beaucoup aux précédentes, elles sont cependant en général, plus caillouteuses, surtout au Sud de Meslough. Comme partout ailleurs l'évaporation superficielle tend à faire remonter le calcaire au voisinage de la surface. Lorsque les cailloux ne sont pas très abondants la couche tuffeuse du sous-sol est facilement friable, dans le cas contraire le tuf, enrobant les cailloux et les graviers, forme une sorte de poudingue beaucoup plus résistant. L'épaisseur de la couche de terre arable perméable aux racines peut alors être très réduite, c'est le cas qui se présente, par exemple, dans certaines régions au voisinage du Douar des Ouled Gassem (92).

Leur constitution physique montre que la terre fine est généralement assez riche en azote, mais dans les terres un peu caillouteuses, la teneur de la terre complète tombe quelquefois au-dessous de l'unité.

Les alluvions du Bou-Sellam sont généralement riches en acide phosphorique, par contre celles de l'Oued-el-Anasser sont parfois très pauvres. La potasse s'y trouve toujours en proportion notable ; quant à la magnésie sa répartition est très variable.

a² **Alluvions récentes**

Les alluvions récentes des vallées sont constituées par des limons plus ou moins sablonneux où les cailloux et les graviers sont généralement rares.

Dans ces terres, la proportion des éléments fins est le plus souvent comprise entre 70 et 80 % ; en certains points, comme au voisignage de Fermatou, elle dépasse 90 %.

Le sol et le sous-sol ne diffèrent que par la compacité plus grande du sous-sol. Elles sont souvent très profondes, comme on peut le voir sur les berges du Bou-Sellam, au voisinage d'El-Bez par exemple, où l'épaisseur de la couche alluviale dépasse trois mètres.

Par leur profondeur, par la finesse des éléments constituants elles peuvent faire d'importantes réserves d'humidité et sont éminemment propres aux pratiques du Dry Farming.

Certaines parties sont irrigables ; dans celles-ci il serait rationnel d'appliquer un autre mode de culture.

Les alluvions récentes du Bou-Sellam, au-dessous de son confluent avec l'Oued-Flaïssa, sont salées ; c'est l'Oued Flaïssa qui apporte le sel par ses débordements pendant la période hivernale.

Les drainages s'imposent pour amener le dessalement. Ils s'imposent d'ailleurs aussi dans les parties irriguées ; bien que les eaux qui descendent du Nord ne soient pas salées, l'évaporation très active des eaux d'irrigation peut, petit à petit, amener la salure des terrains irrigués. On sait que c'est à la suite des irrigations sans drainage qu'une grande partie des terres de l'Habra, dans le département d'Oran, est devenue impropre à la culture.

La comparaison de la teneur en sel des échantillons 88, 89 et 90, montre bien l'influence du drainage sur le dessalement. L'échantillon 90 a été pris dans une partie où avaient été creusés, deux ou trois ans avant la prise des échantillons, des fossés de drainage[1] ; le sel a presque disparu dans le sol, il n'y en a plus que 0 gramme 44 par kg. tandis que dans les autres échantillons il atteint 1 gramme 27 et 2 grammes 1.

Toutes ces terres sont très calcaires, sauf dans quelques régions du Nord, comme au voisinage d'El-Ouricia où la teneur en calcaire de l'échantillon 56 n'est que de 9 grammes 8 par kg. : là les alluvions proviennent surtout des formations voisines e² et c"ₐ relativement peu calcaires, tandis qu'ailleurs c'est presque uniquement p⁴₁, très calcaire, qui les fournit.

---

[1] Propriété C. Lévy.

Analyse mécanique

Numéros et origine des échantillons		Cailloux	Graviers	Terre fine	Humidité de la terre fine
1. Sol de 0 à 70......	El Bez.	0	0	1000	3,6
2. Sol de 0 à 30......	—	3 C. S.	7 C. S.	990	6,8
Sous-sol de 30 à 60.		0	2	998	8,0
3. Sol de 0 à 30......	—	2 C. S.	0	998	5,4
Sous-sol de 30 à 60.		1 C S.	3 C. S.	996	4,7
4. Sol de 0 à 30......	—	0	0	1000	6,1
Sous-sol de 30 à 60.		0	0	1000	7,2
14. Sol de 0 à 30......	Sud d'El Bez	47 C. S.	19 C. S.	934	7,3
Sous-sol de 30 à 60.		15 C. S.	3 C. S.	982	8,9
32. Sol de 0 à 30	Ferme Plantecoste	0	2	998	11,7
Sous-sol de 30 à 60.		0	1	999	8,7
33. Sol de 0 à 30......	—	0	2 C. S.	998	7,6
Sous-sol de 30 à 60.		0	1	999	7,0
47. Sol de 0 à 30......	Fermatou	17 Cc. Sx.	10 C. Cq. Sx.	983	5,4
Sous-sol de 30 à 40.		75 Cc. Sx.	35 C. Cq. Sx.	890	5,8
48. Sol de 0 à 30......	—	65 Cc.	35 C. Cq. Sx.	895	2,7
Sous-sol de 30 à 30.		290 C. S.	63 C. S.	637	3,3
51. Sol de 0 à 25......	—	100 C. S.	83 C. S.	817	5,5
Sous-sol de 25 à 50.		267 Cc Cm. Sx.	144 C. S.	589	2,2
51*bis* Sol de 0 à 30......	—	60 Ct. Sx.	62 Ct. Sx.	878	5,6
Sous-sol de 30 à 60.		34 Ct. Sx.	21 Cc. Sx.	945	3,6
54. Sol de 0 à 30......	El Anasser	0	2 C.	999	11.0
56. Sol de 0 à 40......	El Ouricia	59 C. Sx.	37 C. S.	904	9,4
61. Sol de 0 à 40	—	13 C. S.	25 C. S.	962	6,8
88. Sol de 0 à 40	Hamman	0	0	1000	7,5
Sous-sol de 40 à 60.		0	0	1000	6,6
89. Sol de 0 à 20......	—	2 C.	0	998	6,9
Sous-sol de 20 à 40.		0	0	1000	9,1
90. Sol de 0 à 15......	—	0	0	1000	7,0
Sous-sol de 15 à 30.		0	0	1000	8,0
Sous-sol de 30 à 45.		0	0	1000	6,6
91. Sol de 0 à 20......	—	1	5	996	4,5
Sous-sol de 20 à 40.		0	0	1000	4,2
107. Sol de 0 à 20......	Alluvions des Oueds el Bouchera et Bon Ouada	0	0	1000	6,0
Sous-sol de 20 à 40.		0	0	1000	5,2
117. Sol de 0 à 25......	Aïn Sfia	71 Ct. Cc.	64 Ct. Sx.	865	8,8
Sous-sol de 25 à 40.		106 Cc. Ct. Sx.	64	830	7,5
149. Sol de 0 à 40......	El Harmélia	»	»	»	»
150. Sol de 0 à 40......	—	»	»	»	»
151. Sol de 0 à 40......	—	»	»	»	»
152. Sol de 0 à 40......	—	»	»	»	»
153. Sol de 0 à 40	—	»	»	»	»
154. Sol de 0 à 40......	—	»	»	»	»
155. Sol de 0 à 40......	—	»	»	»	»
156. Sol de 0 à 40......	—	»	»	»	»

Abréviations : C. calcaires, Cc. calcaires compacts, Ct. calcaires tuffeux, S. siliceux, Sx. silex, Cm. calcaires marneux.

Analyse physique de la terre fine sèche

Numéros des échantillons	Sable grossier			Sable fin			Argile	Humus
	calcaire	non calc.	total	calcaire	non calc.	total		
1. Sol	210	181	391	228	148	376	230	3
2. Sol	102	63	165	251	208	459	373	3
Sous-sol	124	95	219	240	181	421	358	2
3. Sol	110	82	192	294	219	513	291	4
Sous-sol	129	106	235	276	210	486	277	2
4. Sol	153	115	268	249	180	429	300	3
Sous-sol	118	99	217	291	192	473	308	2
14. Sol	48	120	168	158	189	347	480	5
Sous-sol	43	97	140	182	185	367	489	4
32. Sol	59	93	152	200	358	558	283	7
Sous-sol	47	49	96	213	294	507	389	9
33. Sol	84	87	171	255	251	506	319	4
Sous-sol	52	58	110	283	262	545	340	5
47. Sol	200	168	368	195	176	372	232	8
Sous-sol	166	142	308	250	283	533	152	7
48. Sol	335	161	496	201	192	393	103	8
Sous-sol	289	148	437	197	218	415	140	8
51. Sol	298	73	371	303	212	515	107	7
Sous-sol	242	58	300	381	201	582	112	6
51 *bis* Sol	245	67	312	362	245	597	77	14
Sous-sol	189	45	234	418	252	670	86	10
54. Sol	119	49	168	362	341	703	122	7
56. Sol	9	190	199	3	485	488	301	12
61. Sol	103	57	160	259	255	514	314	12
88. Sol	44	38	82	335	390	725	187	6
Sous-sol	14	13	27	361	398	759	209	5
89. Sol	16	15	31	332	382	714	246	9
Sous-sol	16	20	36	341	375	716	242	6
90. Sol de 0 à 15	16	18	34	333	360	693	264	9
Sous-sol de 15 à 30.	73	15	28	340	390	730	234	8
Sous-sol de 30 à 45.	34	45	79	373	372	685	232	4
91. Sol	97	70	167	302	351	653	171	9
Sous-sol	57	49	106	340	394	734	154	6
107. Sol	28	215	243	172	402	574	171	12
Sous-sol	48	36	84	300	408	708	203	5
117. Sol	81	136	217	297	152	449	323	11
Sous-sol	89	147	236	311	142	453	306	5
149. Sol	120	283	403	186	172	358	232	7
150. Sol	80	349	429	125	201	326	239	6
151. Sol	100	317	417	150	186	336	243	4
152. Sol	88	352	440	117	195	312	242	6
153. Sol	33	36	69	295	244	539	388	4
154. Sol	54	58	112	288	241	529	354	5
155. Sol	87	71	158	296	231	527	311	4
156. Sol	120	94	214	304	232	536	247	3

Analyse chimique de la terre fine sèche

Numéros des échantillons	Chlorure de sodium	Calcaire total	Azote	Acide phosphorique	Potasse	Magnésie	Chaux (1)
	‰	‰	‰	‰	‰	‰	‰
1. Sol	»	438	1,4	4,7	1,9	3,5	245
2. Sol	»	353	1,7	2,4	3,4	3,0	195
Sous-sol	»	364	1,6	2,4	2,8	1,7	204
3. Sol	»	404	2,6	3,3	2,8	1,9	226
Sous-sol	»	405	1,6	2,7	2,2	3,7	227
4. Sol	»	402	2,0	4,7	3,0	3,1	225
Sous-sol	»	409	1,4	3,7	3,5	2,2	229
14. Sol	»	206	1,7	1,6	3,6	2,4	115
Sous-sol	»	225	1,5	1,7	3,3	1,3	126
32. Sol	»	259	2,2	1,8	8,8	3.3	145
Sous-sol	»	260	1,3	4.8	12,7	7,7	146
33. Sol	»	339	2,5	2,3	3.9	3,5	190
Sous-sol	»	335	1,6	6,9	4,2	2,7	187
47. Sol	»	396	2,2	0,13	2,1	0,27	222
Sous-sol	»	416	1,5	0,06	2,1	0,5	233
48. Sol	»	536	1.3	0,06	2,0	0,23	300
Sous-sol	»	486	1,4	0,17	1,6	0,37	272
51. Sol	»	601	1,5	0,16	1,6	0,50	336
Sous-sol	»	623	1,4	0,1	0,99	0,93	348
51bis Sol	»	594	1,7	0,27	3,1	0,075	332
Sous-sol	»	596	1,4	0,73	3,6	0.073	333
54. Sol	»	482	2,2	1.9	2,1	1,5	375
56. Sol	»	12	2,8	2,0	3,6	1,2	6,7
61. Sol	»	362	1,9	1,5	2,7	0,46	202
88. Sol	1,27	379	1,8	3,8	4,3	0,08	223
Sous-sol	1,0	375	1,4	3,9	3,3	0,12	221
89. Sol	2,1	348	2,0	3,9	6,5	0,08	195
Sous-sol	2,3	357	1,6	4,1	5,8	0,10	200
90. Sol de 0 à 15	0,44	349	1,9	4,7	4,1	0,43	195
Sous-sol de 15 à 30	0.96	353	1,9	4,8	4,3	0,35	198
Sous-sol de 30 à 45	1,4	347	1,7	4,9	5,3	0,11	194
91. Sol	0,17	399	2,1	4,6	2,8	0,49	223
Sous-sol	0,24	397	1,8	4.6	2,1	0,23	222
107. Sol	»	346	1,6	3,7	2,1	2,6	193
Sous-sol	»	348	1,4	3,7	2,1	3,0	194
117. Sol	»	378	1,2	2,3	2,6	2,1	211
Sous-sol	»	400	0,69	2,0	2,1	2,4	224
149. Sol	»	306	1,9	1,5	3,6	3,8	171
150. Sol	»	205	1,8	2,2	6,7	2,2	115
151. Sol	»	250	1,7	1,4	3,2	3,2	140
152. Sol	»	205	1,8	1,4	3,8	5,2	115
153. Sol	»	328	2,0	4 8	3,6	7,0	184
154. Sol	»	166	1,8	4,7	3,0	5,0	93
155. Sol	»	245	1,9	4,7	3,0	4,0	137
156. Sol	»	424	1,7	4,7	3,6	6,7	237

(1) Du calcaire.

Analyse chimique de la terre complète sèche

Numéros des échantillons	Chlorure de sodium	Calcaire total	Azote	Acide phosphorique	Potasse	Magnésie	Chaux (1
	‰	‰	‰	‰	‰	‰	‰
1. Sol	»	438	1,4	4,7	1,9	3,5	245
2. Sol	»	349	1,7	2,4	3,4	3,0	195
Sous-sol	»	363	1,6	2,4	2,8	1,7	203
3. Sol	»	403	2,6	3,3	2,8	1,9	225
Sous sol	»	404	1,6	2,7	2,2	3,7	226
4. Sol	»	402	2,0	4,7	3,0	3,1	225
Sous-sol	»	409	1,4	3,7	3,5	2,2	229
14. Sol	»	192	1,6	1,5	3,3	2,2	108
Sous-sol	»	221	1,5	1,7	3,2	1,3	124
32. Sol	»	258	2,2	1,8	8,8	3,3	144
Sous-sol	»	260	1,3	4,8	12,7	1,7	146
33. Sol	»	338	2,4	2,3	3,9	3,5	189
Sous-sol	»	335	1,6	6,9	4,2	2,7	187
47. Sol	»	364	2,0	0,12	1,9	0,25	204
Sous-sol	»	348	1,2	0,05	1,8	0,42	195
48. Sol	»	465	1,2	0,05	1,7	0,20	260
Sous-sol	»	300	0,86	0,10	0,98	0,23	168
51. Sol	»	479	1,2	0,13	1,3	0,40	268
Sous-sol	»	358	0,8	0.06	0,57	0,53	200
51*bis* Sol	»	517	1,5	0,23	2,7	0,065	289
Sous-sol	»	562	1,3	0,69	3,4	0.070	314
54. Sol	»	481	2,2	1,9	2,1	1.5	375
56. Sol	»	9,8	2,3	1,6	2,9	0,98	5,5
61. Sol	»	324	1,7	1,3	2,4	0.41	183
88. Sol	1,27	379	1,8	3,8	4.3	0,08	195
Sous-sol	1,0	375	1,4	3,9	3,3	0.12	221
89. Sol	2,1	348	2,0	3,9	6,5	0,08	195
Sous-sol	2,3	357	1,6	4,1	5,8	0,10	200
90. Sol de 0 à 15	0,44	349	1,9	4,7	4,1	0,43	195
Sous-sol de 15 à 30.	0,96	353	1,9	4,8	4,3	0.35	198
Sous-sol de 30 à 45.	1,4	347	1,7	4,9	5,3	0,11	194
91. Sol	0,16	379	2,0	4,4	2,7	0,47	212
Sous-sol	0,24	397	1,8	4,6	2,1	0,23	222
107. Sol	»	346	1,6	3,7	2,1	2,6	193
Sous-sol	»	348	1,6	3,7	2,1	3,0	194
117. Sol	»	323	1,0	2,0	2,6	2,1	180
Sous-sol	»	342	0,69	1,7	1,8	2,0	191

(1) Du calcaire.

Certaines sont assez riches en humus surtout au Nord, aux environs d'El-Ouricia (56 et 61). L'azote s'y trouve toujours en proportion notable, très souvent voisine de 2 grammes par kg.

L'acide phosphorique aussi, surtout dans la basse plaine où on en trouve généralement plus de 4 grammes par kg .(Hammam, el Harmelia). Il n'y a qu'une exception au voisignage de Fermatou, au-dessous du débouché de l'Oued-Fermatou (47, 48) où la teneur en acide phosphorique est très faible.

Les alluvions de l'Oued-Fermatou (51 et 51 bis) sont aussi très pauvres, ce sont donc les apports de ce cours d'eau qui amènent la pénurie d'acide phosphorique dans cette région. Le massif de calcaires marneux qu'il traverse (e_{iv}) ne doit donc pas contenir de phosphates.

La teneur en potasse n'est presque jamais inférieure à 2 grammes par kg., par contre la magnésie y est moins bien répartie et certaines terres comme celles de Fermatou, des Ouled-Gassem, du Hammam sont pauvres en cet élément. L'apport d'engrais magnésiens donnerait sans doute de bons résultats.

a Eboulis de pentes

Les éboulis ou les remaniements effectués dans les diverses formations géologiques par les eaux météoriques donnent naissance à des terrains qui présentent les même caractères que la formation dont ils proviennent.

Les deux échantillons **21** et **22** prélevés dans un remaniement de p^1_1 pourraient être classés dans cette formation.

Analyse mécanique

Numéros et origine des échantillons	Cailloux	Graviers	Terre fine	Humidité de la terre fine
21. Sol de 0 à 30........ El Bez.	123 C. Sx.	21 C.	856	6,9
Sous-sol de 30 à 60.	151 C. Sx.	22 C.	963	7,5
22. Sol de 0 à 20........ —	185 C. Sx.	73 C.	742	4,2
Sous-sol de 30 à 60.	181 C. Sx.	56 C.	763	3,2

Analyse physique de la terre fine sèche

Numéros des échantillons	Sable grossier			Sable fin			Argile	Humus
	calcaire	non calc.	total	calcaire	non calc.	total		
21. Sol................	156	118	274	137	439	576	141	9
Sous-sol............	108	63	171	118	453	571	255	3
22. Sol................	221	116	337	310	176	486	168	9
Sous-sol............	157	345	502	327	111	438	56	4

Analyse chimique de la terre fine sèche

Numéros des échantillons	Calcaire total	Azote	Acide phosphorique	Potasse	Magnésie	Chaux (1)
	‰	‰	‰	‰	‰	‰
21. Sol................	293	2,2	2,2	2,2	2,3	164
Sous-sol............	226	1,5	1,8	1,4	3,3	126
22. Sol................	531	1,7	1.7	1,6	1,7	298
Sous-sol............	484	0,6	1,9	1,6	1,5	271

Analyse chimique de la terre complète sèche

Numéros des échantillons	Calcaire total	Azote	Acide phosphorique	Potasse	Magnésie	Chaux (1)
	‰	‰	‰	‰	‰	‰
21. Sol................	246	1,8	1,8	1,8	1,9	138
Sous-sol............	216	1,4	1.7	1,4	3.1	122
22. Sol................	385	1,3	1,3	1,2	1,2	216
Sous-sol............	360	0,48	1.4	1,2	1,1	202

Abréviations : C. calcaires, Sx. silex.
(1) Du calcaire.

RÉSUMÉ ET CONCLUSIONS

On sait que dans les régions sèches, comme celle de Sétif, c'est l'humidité du sol qui règle la récolte. Il est donc nécessaire d'y avoir recours à des pratiques culturales spéciales désignées aujourd'hui sous le nom de "dry-farming", ayant pour but d'emmagasiner et de conserver l'eau dans le sol. L'assolement biennal avec jachère cultivée, qui est aujourd'hui généralement adopté dans la région Sétifienne, est du dry-farming.

Les marnes noires du Nord ($c^9{}_n$), celles du Centre ($e_v.$), les alluvions du Bou-Sellam, sont les terres où ces pratiques donnent les meilleurs résultats : elles sont presque partout profondes et leur constitution physique, dans laquelle les éléments fins prédominent, leur permet de faire d'importantes réserves d'humidité.

Les limons rouges $p^i{}_l$), plus calcaires, moins profonds, font des réserves moindres ; dans le Centre et surtout dans le Sud, où la pluviométrie est moindre qu'au Nord, les rendements deviennent d'autant plus faibles que la couche de terre est elle-même moins profonde.

Au point de vue de la nutrition des végétaux les terres de la région Sétifienne sont généralement riches en éléments nutritifs.

La teneur en azote y est très rarement inférieure à l'unité ; les terres pauvres en acide phosphorique y sont rares, le plus souvent elles sont riches et très souvent même très riches, avec des teneurs en acide phosphorique supérieures à 2 grammes par kg. et atteignant parfois 16 grammes. Enfin, la potasse et la magnésie, bien que diversement réparties dans les diverses formations géologiques, s'y trouvent presque toujours en quantité plus que suffisante pour assurer la nutrition.

Mais, comme nous l'avons déjà dit, on est amené à penser que presque toujours ces réserves d'azote et d'acide phosphorique sont difficilement assimilables.

Il y a 25 ans, il n'en était pas ainsi. Voici ce que disait Ryf dans le compte-rendu des expériences du Comice Agricole de Sétif de 1896-1897 :

« Les engrais chimiques, soit analyseurs ou autres, employés dans une pièce écartée d'une dizaine d'hectares, afin de ne pas fausser les expériences des années suivantes, ont donné, *une nouvelle fois*, des résultats sinon négatifs, du moins très peu concluants. Faut-il en accuser la sécheresse du printemps ou bien la connaissance imparfaite des besoins de notre sol ? Nous ne saurions le préciser. Avec les quatre engrais analyseurs : engrais complet, engrais sans azote, engrais sans acide phosphorique et sans potasse, on devrait au moins constater quel élément manque à notre terre. Eh bien ! pas la moindre différence n'était visible entre les quatre parcelles. Le nitrate de soude même, cet engrais actif et assimilable par excellence, ne paraissait pas avoir produit le moindre effet. Ce ne sont cependant pas les pluies abondantes qui ont pu l'entraîner dans les profondeurs du sous-sol, car à partir du commencement de mars, époque à laquelle ce nitrate fut répandu, nous n'avons eu sur le champ d'essais que des pluies peu abondantes et de peu de durée. Si le nitrate n'a pas agi, à plus forte raison les phosphates et même les superphosphates n'ont produit aucun effet appréciable, de même les engrais potassiques. »

Un peu plus loin il ajoutait :

« Si les engrais chimiques n'ont produit aucun résultat appréciable, par contre le fumier de ferme appliqué, à forte dose et parfaitement consumé, à une autre parcelle, a montré une efficacité frappante, Malheureusement le beau produit de cette parcelle attira les voleurs qui en dérobèrent une partie. Nous ne pouvons donc en donner les chiffres. Néanmoins, nous pouvons affirmer que l'action de ce fumier a été des plus heureuses et la sécheresse ne paraissait pas avoir mordu sur cette parcelle fumée. Nous savons d'ailleurs depuis longtemps qu'une forte dose de bon fumier de ferme, en enrichissant le sol d'humus, constitue un véritable réservoir d'humidité dont profite largement la végétation. Fumer n'est donc pas seulement offrir de la nourriture à la plante, mais encore la boisson aussi nécessaire que la nourriture ! Nous devrions donc le faire beaucoup plus que nous le faisons, pour produire et conserver cette riche matière, (l'humus). Croirait-on que les bons trois quarts de nos fumiers sont encore brûlés par les indigènes ou laissés sans aucuns soins, perdant ainsi rapidement leurs éléments les plus précieux, les matières organiques produisant l'azote et l'humus. Il en est cependant ainsi à notre honte. »

On ne saurait mieux montrer l'influence de l'humus sur la conservation de l'humidité, facteur essentiel dans les cultures en terre sèche. Mais l'humus joue aussi un rôle dans l'alimentation, puisqu'il est la source de l'azote assimilable : sels ammoniacaux et nitrates. Il solubilise aussi les phosphates du sol, grâce aux actions microbiennes, ou aux réactions chimiques dont il est le siège. Les rares fumures effectuées depuis une vingtaine d'années ont été insuffisantes pour assurer la conservation de l'humus actif, et aujourd'hui les réserves d'azote et d'acide phosphorique de ces terres son difficilement assimilables.

Des expériences en pots, au laboratoire, effectuées sur seize échantillons de terres de la région, dont la teneur en acide phosphorique était comprise entre 1 gramme et 4 grammes 8 par kg., ont montré qu'elles étaient toutes sensibles aux engrais azotés et aux engrais phosphatés.

D'autre part, la détermination de l'acide phosphorique soluble dans l'acide citrique à 1º/o, d'après la méthode de Dyer, a donné pour ces mêmes terres des valeurs comprises entre 0 gramme 015 et 0 gramme 19 d'acide phosphorique soluble par kg. ; or, on sait que les terres qui contiennent moins de 0 gr. 2 par kg. d'acide phosphorique soluble dans l'acide citrique, sont généralement sensibles aux engrais phosphatés.

La détermination de l'acide phosphorique assimilable par la méthode indiquée par l'un de nous [1], a donné des nombres variant de 0 à 2 milligrammes par kg., tandis que dans une bonne terre de Rouïba, insensible aux engrais phosphatés, la teneur en acide phosphorique assimilable atteignait 26 mgr. 3 par kg., (soit plus de 104 kgs. par hectare, dans une couche de terre de 30^c/$_m$ d'épaisseur, quantité supérieure à celle qu'exige une très bonne récolte).

Enfin les essais d'engrais chimiques effectués depuis une quinzaine d'années, soit sur le champ d'essais du Comice Agricole de Sétif, soit par divers agriculteurs, vérifient les déductions tirées des expériences de laboratoire : ils montrent qu'à l'inverse de ce qui se passait il y vingt-cinq ans, les engrais azotés et les superphosphates produisent toujours un accroissement notable de récolte, et cela, aussi bien dans les terres noires et profondes du Nord que dans celles du Centre ou du Sud. Les engrais potassiques par contre se sont presque toujours montrés inefficaces.

Mais il est bien certain que dans les régions sèches, où les pluies sont rares et mal réparties, l'emploi des engrais chimiques ne peut être rémunérateur que si la plante trouve dans le sol la quantité d'eau nécessaire à son évolution. De là la nécessité de ne les appliquer que sur les terrains où les labours préparatoires auront été effectués avec soins. Il est clair, aussi, qu'il est impossible d'obtenir par leur emploi des rendements comparables à ceux qu'on obtient dans le Nord de la

---

(1) **Pouget** et **Chouchak.** *Détermination de l'acide phosphorique assimilable du sol.* R. G. de Ch. P. et A. (t. XIII-1910).

France. On peut tout au plus compter sur un accroissement de 5 à 6 quintaux à l'hectare : c'est ce qui résulte des essais effectués dans les meilleures conditions. Par suite, il serait inopportun d'employer des doses massives d'engrais dont la majeure partie resterait inutilisée, car dans un sol suffisamment riche en éléments nutritifs c'est l'humidité du sol qui règlera la récolte en vertu de la loi du minimum.

Pour cette même raison les engrais chimiques dans les terres peu profondes, calcaires, qui n'ont que de faibles réserves d'humidité, surtout dans le Sud, ne donneront que des résultats aléatoires. Il en sera de même d'ailleurs un peu partout pendant les années très sèches.

Parmi les engrais azotés c'est le nitrate de soude qui a donné les meilleurs résultats, à la dose de 100 kgs à l'hectare, épandu en couverture de très bonne heure, avant les dernières pluies. Il semble cependant qu'il serait préférable d'enfouir la moitié de cette dose au labour d'automne et d'épandre le reste en couverture, fin mars au plus tard. La déperdition du nitrate dans le sous-sol par les eaux hivernales n'est guère à craindre dans les conditions climatologiques de la région Sétifienne : les eaux du sol ne s'enfoncent jamais à des profondeurs considérables, les actions capillaires qui ramènent le nitrate entraîné à la portée des racines, se faisant toujours sentir, même en hiver, sous l'action des vents et des coups de soleil parfois assez forts.

Les superphosphates et les scories donnent en général des augmentations de récolte du même ordre de grandeur ; dans les sols argilo-calcaires cependant il vaudra mieux employer les superphosphates. Les doses à utiliser ne doivent pas dépasser 300 à 400 kgs par hectare, que l'on peut enfouir soit au premier labour de printemps, soit au labour de semailles en automne. Toutefois si l'on dispose de semoirs ou de distributeurs d'engrais permettant de placer l'engrais au voisinage de la semence, ce qui est toujours avantageux, comme on l'a constaté depuis longtemps, c'est à l'épandage à l'automne qu'il faudra donner la préférence.

Aujourd'hui, comme au temps de M. Ryf, l'emploi du fumier à haute dose, pour les raisons qu'il a si bien mises en lumière, donne de très bons résultats. Malheureusement sa production est restreinte, et le plus souvent, on n'en prend aucun soin et sa valeur s'en trouve bien amoindrie.

Comme on le sait, le fumier devra être employé seul, et non mélangé avec les engrais chimiques ; les parcelles qui en recevront d'une manière continue pourront peu à peu reprendre et conserver leur ancienne fertilité.

En résumé la pratique des labours de printemps en activant la décomposition de l'humus a produit une action comparable à celle que provoque le chaulage, lorsque cette opération n'est pas accompagnée d'abondantes fumures au fumier de ferme ; elle a amené une stérilité relative. Le fait n'est d'ailleurs pas spécial à la région Sétifienne ; celle de Sidi-bel-Abbès où les labours de printemps sont pratiqués depuis plus longtemps se trouve dans les mêmes conditions : les rendements y ont notablement diminué et l'emploi des engrais chimiques est devenu indispensable. En Amérique, en Australie, partout où les méthodes de dry farming ont été appliquées les mêmes constatations ont été faites.

Il est donc du plus haut intérêt, pour l'avenir, d'accroître la production du fumier afin de pouvoir opérer d'une façon continue la restitution de l'humus brûlé par la jachère et aussi celle des matières minérales enlevées par les récoltes. Mais la production du fumier implique l'entretien d'un bétail important, et par suite l'introduction de cultures fourragères incompatibles avec la monoculture des céréales par la jachère travaillée. Cependant cette monoculture n'est pas toujours indispensable ; si elle s'est si rapidement répandue, c'est parce que d'abord en emmagasinant de l'eau dans le sol, puis en provoquant par l'aération une nitrification très active on obtient, avec une somme de travail relativement minime, des récoltes bien supérieures à celles que donne la jachère non travaillée. On ne se rend souvent pas compte que la fertilité accumulée par le sol peut s'épuiser, et on se préoccupe surtout d'obtenir des profits immédiats plutôt que de s'en créer de plus considérables et de plus sûrs avec des méthodes moins simples. Aujourd'hui la diminution de la fertilité est démontrée partout où le dry farming est pratiqué depuis longtemps dans des conditions semblables. Partout on tend à introduire dans les rotations des récoltes fourragères : lorsqu'on s'adresse aux légumineuses, leur culture seule produit un enrichissement du sol. Cet enrichissement est encore plus grand si on les enfouit comme engrais vert. On obtient encore de meilleurs résultats en utilisant ces récoltes pour la nourriture du bétail, on produit ainsi de la viande et du fumier : la valeur de la première n'est pas négligeable, surtout actuellement, et on retrouve dans le second, selon l'âge ou la nature des animaux, 50 à 95°/₀ des matières fertilisantes qui étaient contenues dans les aliments. Grâce à ces pratiques on peut améliorer des sols pauvres et maintenir les sols riches en parfait état de fertilité.

Cette nécessité des cultures fourragères n'a jamais échappé aux agriculteurs avisés qui de tout temps ont fait partie du Syndicat agricole de Sétif.

Knill fut, aux Amouchas, l'initiateur de la culture du Sulla qui peut occuper la jachère dans la région du Nord de Sétif.

Nous ne pouvons reporter ici tous les essais effectués, souvent avec succès, par M. Ryf [1], nous nous bornerons à rappeler qu'il réalisa la culture de la luzerne

---

(1) Les comptes rendus des expériences du Comice agricole de Sétif se trouvent dispersés

indigène en terrains secs par des semis en lignes espacées, permettant des binages à la houe qui la défendent contre la sécheresse. Placée en dehors de l'assolement ordinaire cette culture permet de produire, pendant plusieurs années, d'abondantes récoltes d'un excellent fourrage : dans les années humides on peut faire deux à trois coupes, dans les années sèches on ne fait en général qu'une coupe, mais on fait une récolte de graines ayant sensiblement la même valeur, en argent, qu'une coupe.

Beaucoup d'autres légumineuses peuvent être cultivées en terre sèche dans des conditions analogues. L'un de nous, alors qu'il dirigeait les expériences du Comice agricole de Sétif, a été amené à constater qu'il fallait donner la préférence au pois gris d'hiver, dit bisaille. Les résultats obtenus avec cette légumineuse sur le champ d'essais furent tels que M. Chollet Emile, Directeur de la Compagnie Génevoise, l'introduisit en 1912 dans la grande culture.

Les pois semés sur labour d'automne, en lignes espacées de 0^m60 à 0^m70, reçoivent un binage à la houe lorsqu'ils commencent à s'ériger ; ils donnent fin mai une coupe de fourrage qui se fane facilement sans perte et est très apprécié du bétail, surtout des ovins. Sur une parcelle sans engrais, en 1912-1913, on récoltait 50 quintaux à l'hectare. Les pois, comme toutes les légumineuses, sont très sensibles aux engrais phosphatés : la récolte s'élevait à 60 quintaux sur une parcelle fumée avec 400 kgs de superphosphate et à 65 et 68 quintaux sur celles qui avaient reçu la même dose de scories.

Aussitôt après la récolte, le sol est labouré, il se délite aisément et donne une sole parfaitement préparée pour la céréale suivante.

La rotation suivante paraît être la plus pratique :

Céréales sur la moitié des terres de la ferme.

Jachère avec labours de printemps sur le quart des terres de la ferme.

Pois gris pour fourrage vert (ou enfouis en vert), l'autre quart des terres.

Mais il est bien certain que cet assolement susceptible de donner de bons résultats dans le centre de l'arrondissement ne réussirait pas dans le Sud : les chutes de pluie y sont insuffisantes pour que l'on puisse espérer obtenir une bonne récolte sur une sole de légumineuses : la jachère travaillée mais non cultivée est indispensable.

Par contre dans le Nord, où les pluies sont plus abondantes et plus régulières,

---

dans les revues agricoles algériennes. Il serait désirable qu'ils fussent réunis en un volume dédié à la mémoire de Ryf qui a contribué pour une large part à la richesse de la région. Beaucoup d'agriculteurs et d'agronomes puiseraient dans ce recueil des renseignements précieux.

la réduction de la jachère doit être possible, et on peut faire entrer dans l'assolement soit le sulla, soit les fèves et les fèverolles qui donnent d'importants rendements en graines dont les débouchés sont assurés. Un mélange de vesces et avoine
ou orge peut y produire aussi, sur une fumure moyenne, un excellent fourrage.

Enfin on augmenterait encore dans une notable proportion la production
fourragère en réservant toutes les parties irrigables à la culture de la luzerne, ou
en les transformant en prairies naturelles bien aménagées et régulièrement fumées
avec des engrais minéraux. Dans tous les cas il est tout à fait irrationnel d'emblaver
ces terres avec un assolement biennal semblable à celui que nécessitent les terres
sèches.

TABLE DES MATIÈRES

INTRODUCTION 5

ESQUISSE AGRONOMIQUE 7

ESQUISSE AGROLOGIQUE 15

RÉSULTATS ANALYTIQUES 19

    c^n_a Marnes noires schistoïdes 19

    c^n_b Calcaires à Ostrea Villei 26

    e_v Marnes bitumineuses et grès glauconieux 30

    e_{IV} Calcaires marneux et calcaires à silex 34

    e_s Grès quartzeux et argiles 34

    p^t_l Limons rouges et conglomérats 36

    p^t_c Calcaire lacustre 49

    q_s Alluvions anciennes (terrasse supérieure) 51

    q^i Alluvions anciennes des vallées (terrasse inférieure) 54

    a^2 Alluvions récentes 59

    a Eboulis de pentes 65

RÉSUMÉ ET CONCLUSIONS 67